新型雷达遥感应用丛书

雷达地质灾害遥感

邵　芸　谢　酬　张风丽　程永锋　申朝永 等　著

科 学 出 版 社
北　京

内 容 简 介

我国是地质灾害频发的国家，灾害造成了大量人员伤亡和经济损失。地质灾害严重威胁着人民的生命财产安全，阻碍了社会经济可持续发展。为此，利用当代高新技术加大对地质灾害的调查、监测和防治，已刻不容缓。当前迅猛发展的新型成像雷达技术（极化雷达、干涉雷达）为地质灾害雷达遥感注入了新的活力，为自然灾害的研究开辟了新的思路。实践表明，运用遥感技术可以进行大范围的地质灾害调查与监测。本书系统介绍了雷达地质灾害遥感现状，结合贵州全省地质灾害隐患排查实施现状，系统性阐述了 InSAR 滑坡形变监测的方法和应用案例，并结合 InSAR 监测数据开展滑坡易发性评价，针对特高压输电杆塔安全监测，介绍了输电通道滑坡隐患识别的技术方案和应用案例；在地震雷达遥感应用方面，介绍了地震灾区大范围同震形变信息快速提取方法，开展了地震震后形变机制研究，实现了极化 SAR 地震灾害建筑物损毁评估与制图。

本书内容丰富，图文并茂，可为从事地质灾害遥感工作的科研人员、技术人员以及高等院校师生提供技术参考和应用案例。

图书在版编目(CIP)数据

雷达地质灾害遥感 / 邵芸等著. —北京：科学出版社，2021.6
(新型雷达遥感应用丛书)
ISBN 978-7-03-068911-5

Ⅰ. ①雷… Ⅱ. ①邵… Ⅲ. ①雷达-应用-地质灾害-地质遥感-研究 Ⅳ. ①P694

中国版本图书馆 CIP 数据核字（2021）第 094719 号

责任编辑：王 运 张梦雪 / 责任校对：王 瑞
责任印制：吴兆东 / 封面设计：图阅盛世

科学出版社 出版
北京东黄城根北街 16 号
邮政编码：100717
http://www.sciencep.com

北京捷迅佳彩印刷有限公司 印刷
科学出版社发行 各地新华书店经销

*

2021 年 6 月第 一 版 开本：787×1092 1/16
2021 年 6 月第一次印刷 印张：8 3/4
字数：220 000

定价：118.00 元

（如有印装质量问题，我社负责调换）

《新型雷达遥感应用丛书》编辑委员会

名誉主编：郭华东

主　　编：邵　芸

副 主 编：张庆君　张风丽

编写人员：(按姓氏拼音排序)

卞小林　程永锋　福克·阿梅隆

宫华泽　李　坤　李　林　廖静娟

刘　龙　刘　杨　刘嘉麒　吕潇然

倪　崇　申朝永　唐治华　田　维

王国军　王晓晨　谢　酬　原君娜

张婷婷

丛书序

合成孔径雷达（synthetic aperture radar，SAR）具有全天时、全天候对地观测能力，并对表层地物具有一定的穿透特性，对于时效性要求很高的灾害应急监测、农情监测、国土资源调查、海洋环境监测与资源调查等具有特别重要的意义，特别是在多云多雨地区发挥着不可替代的作用。我国社会发展和国民经济建设的各个领域对雷达遥感技术存在着多样化深层次的需求，迫切需要大力提升雷达遥感在各领域中的应用广度、深度和定量化研究水平。

2016年，我国首颗高分辨率C波段多极化合成孔径雷达卫星的成功发射，标志着我国雷达遥感进入了高分辨率多极化时代。2015年，国家发布的《国家民用空间基础设施中长期发展规划》（2015—2025），制订了我国未来“陆地观测卫星系列发展路线”，明确指出“发展高轨凝视光学和高轨SAR技术，并结合低轨SAR卫星星座能力，实现高、低轨光学和SAR联合观测”是我国“十三五”空间基础设施建设的重点任务。其中，L波段差分干涉雷达卫星星座已经正式进入工程研制阶段，国际上第一颗高轨雷达卫星“高轨20m SAR卫星”也已经正式进入工程研制阶段。与此同时，中国的雷达遥感理论、技术和应用体系正在形成，将为我国国民经济的发展做出越来越大的贡献。

随着一系列新型雷达卫星的发射升空，新型雷达遥感数据处理和应用研究不断面临新的要求。SAR成像的特殊性使得SAR图像的成像原理与人类视觉系统和光学遥感有着本质差异，因此，雷达遥感图像在各个领域中的应用和认知水平亟待提高。

本丛书包括六个分册，是邵芸研究员主持的国家重点研发计划、国家自然科学基金重点项目、国家自然科学基金面上项目等多个国家级项目的长期研究成果结晶，代表着我国雷达遥感应用领域的先进成果。她和她的研究团队及合作伙伴，长期以来辛勤耕耘于雷达遥感领域，心无旁骛，专心求索，锐意创新，呕心沥血，冥思而成此作，为推动我国雷达遥感科学技术发展和服务社会经济建设贡献智慧和力量。

本丛书侧重于罗布泊干旱区雷达遥感机理与气候环境影响分析，农业雷达遥感原理与水稻长势监测方法，海洋环境雷达遥感应用，雷达地质灾害遥感监测技术，星载合成孔径雷达非理想因素及校正，微波目标特性测量等六个方面，聚焦于高分辨率、极化、干涉SAR数据处理技术，涵盖了基本原理、算法模型和应用方法，全面阐述了高分辨率极化雷达遥感在多个领域的应用方法与技术，重点探讨了新型雷达遥感数据在干旱区监测、农业监测、海洋环境监测、地质灾害监测中的应用方法，展现了在雷达遥感应用方面的最新进展，可以为雷达遥感机理研究和行业应用提供有益借鉴。

在这套丛书付梓之际，笔者有幸先睹为快。在科技创新不断加速社会进步和地球科学发展的今天，新模式合成孔径成像雷达也正在展现着科技创新的巨大魅力，为全球的可持续发展发挥越来越重要的作用。相信读者们阅读丛书后能够产生共鸣，期待各位在丛书中寻找到雷达遥感的力量。祈大家同行，一起为雷达遥感之路行稳致远贡献力量。

2020 年 12 月 31 日

前　言

联合国统计资料显示，全世界由各类自然灾害造成的直接和间接的年均损失多达1000亿~1500亿美元，近80年来，死亡人数约800万。地质灾害已成为威胁全球许多国家地区和人民生命财产安全的自然灾害之一，严重影响了社会经济的健康发展。人类活动、地质环境、植被状况以及气象水文条件是地质灾害发育分布及其危害程度的重要影响因素。各类不符合联合国可持续发展千年目标的工程建设项目和经济活动，全球气候变暖引起的天气变化和极端天气事件，使得地质灾害频繁发生，造成的生命财产损失日益加剧。我国人口众多，历史悠久，特别是改革开放以来经济高速发展，人口快速增长，对水、土地、植被、矿产等自然资源的开发利用持续增加，自然环境受到了强烈干扰，引发了更大破坏程度和更高发生频率的地质灾害。

遥感是当代高新技术的重要组成部分，作为新兴的对地观测技术手段，它具有时效性好、宏观性强、信息量丰富等优势，已被广泛应用于国土、地质矿产、海洋、地震、测绘、军事等领域。遥感是获取地表及地物信息的重要手段，具有实时、快速、准确以及经济等优点，在地质灾害调查和研究中起着重要作用。尤其在大尺度、大范围地质灾害调查与监测中，遥感已成为最有效的方法和手段之一。利用遥感技术，不仅能及时准确地掌握地形、地貌、地层与构造、植被覆盖等地质地理环境状况，而且能查明不同地质环境下各类地质灾害发育情况，对滑坡、崩塌、泥石流等突发性地质灾害进行实时的灾情调查、监测和评估，确定地质灾害隐患区段，并实施地质灾害预警。

合成孔径雷达（synthetic aperture radar，SAR）遥感，其显著优势是不受或很少受云、雨、雾影响，不依赖太阳光照，可以全天候、全天时地获取地球表层的图像和数据，大大弥补了光学遥感在夜间和多云多雨情况下无法获取数据的不足。地质灾害多发生在地形复杂，气候多变的山区，通过最佳观测视角调节，其成像的立体效应可以有效地探测地物目标的空间形态，增强地形地貌信息。利用主动发射微波信号进行对地观测的雷达遥感技术，特别是干涉测量雷达遥感技术，在获取地质灾害信息的立体感、时效性、精细地表形变探测方面更是发挥着不可替代的作用。

本书系统总结了邵芸研究员及她带领的研究团队，自2016年以来，利用先进的雷达遥感技术，特别是近年来快速发展的干涉测量和极化测量雷达遥感技术，在滑坡地表形变监测，滑坡易发性评价，重要输电通道滑坡隐患识别，地震灾区大范围同震形变信息快速提取，极化雷达遥感地震灾害建筑物损毁评估与制图等方面取得的系统性研究成果。本书是作者及其研究团队在雷达地质灾害遥感领域多年研究成果和科研经验的分享，期盼能为从事相关领域科研工作的同仁提供专业的科学参考数据与案例，为有志于从事相关领域科研工作的学者和研究生提供启发性的科学研究参考。

本书第1章介绍雷达地质灾害遥感现状，主要由邵芸、谢酬、张风丽、吕潇然、吴效勇等完成；第2章介绍基于InSAR的滑坡地表形变监测，主要由田帮森、申朝永、唐文家、张紫萍、方昊然、陈蜜等完成；第3章介绍利用隐患数据和InSAR监测数据开展滑坡易发性评价，主要由申朝永、周道琴、朱玉、陈冠文、谢韬、唐治华、倪崇等完成；第4章介绍输电通道滑坡隐患识别，主要由程永锋、费香泽、马潇、赵斌滨、欧文浩、杨知等完成；第5章介绍地震灾区大范围同震形变信息快速提取，主要由邵芸、原君娜、吴效勇、吕潇然、叶舒等完成；第6章介绍地震震后形变机制研究，主要由邵芸、吕潇然、福克·阿梅隆、叶舒、吴效勇等完成；第7章介绍极化SAR地震灾害建筑物损毁评估与制图，主要由张风丽、庞雷、王国军、刘杉、李璐、黄绮琪等完成；全书最后由邵芸、谢酬、张风丽定稿。此外，郭亦鸿、李冠楠、李宏伟、王凯、李路、杨箐、张领旗、黄淞波等人参与了实验研究、资料收集、数据处理等工作。

本书是国家重点研发计划“地球观测与导航”首批重点专项项目“天空地协同遥感监测精准应急服务体系构建与示范”（2016YFB0502500），国家重点研发计划项目“极端条件下的大区域电网设施安全保障技术”（2018YFB0809400）和国家自然科学基金重点项目“可控环境下多层介质目标微波特性全要素测量与散射机理建模（41431174）”系列研究成果的总结。相关研究工作得到了中国科学院空天信息创新研究院、中国电力科学研究院有限公司、贵州省第三测绘院、首都师范大学等参研单位，以及浙江省微波目标特性测量与遥感重点实验室的大力支持，并在项目执行过程中得到了科技部高技术研究发展中心和国家自然科学基金委员会地球科学部项目专家组的指导，得到了郭华东院士的悉心指正与鼓励，在此表示衷心感谢。同时，感谢所有关心本书撰写出版的同仁们。本书疏漏和不妥之处在所难免，敬请读者批评指正。

邵 芸

2020年12月于北京

目　录

第1章　雷达地质灾害遥感现状

1.1　雷达地质灾害遥感的意义

我国是地质灾害频发的国家，灾害造成了大量人员伤亡和经济损失。据2019年全国地质灾害通报，2019年全国共发生地质灾害6181起；成功预报地质灾害948起，涉及可能伤亡人员2万多人，避免直接经济损失8.3亿元。据统计，2019年全国地质灾害分布在华北、东北、华东、中南、西南和西北6个地区29个省（区、市），共造成211人死亡、13人失踪、75人受伤，直接经济损失27.7亿元。与2018年相比，2019年地质灾害发生数量、造成的死亡失踪人数和直接经济损失分别增加108.4%、100.0%和88.4%（据2020年自然资源部地质灾害技术指导中心资料）。

地质灾害已经严重威胁着人民的生命财产安全，阻碍了社会经济的可持续发展。为此，利用当代高新技术加大对地质灾害的调查、监测和防治，已刻不容缓。遥感对地观测技术是当代高新技术的重要组成部分，是“对地观测系统”（EOS）计划的主体，具有时效性好、宏观性强、信息量丰富等特点，不仅能有效地监测、预报天气状况，进行地质灾害预警，研究查明不同地质地貌背景下地质灾害隐患区段，同时能对突发性地质灾害进行实时或准实时的灾情调查、动态监测和损失评估。卫星遥感图像可实时或准实时地反映灾时的具体情况，监测重点灾害点的发展演化趋势，增强地质灾害发生的预见性。因此，在地质灾害调查中采用遥感技术尤为必要，也是现代高新技术应用发展的必然趋势。

利用遥感技术，在地质灾害调查中可快速进行大范围、立体性的灾害监测，可以做到动态监测，具体表现在以下几个方面：①获取数据速度快、周期短。②获取的数据范围大，卫星的轨道高度一般均在几百千米以上，卫星遥感可获取更大范围的地面信息。③获取数据不受自然条件影响，地质灾害往往发生在一些人口稀少、环境恶劣、交通不便的区域，采用遥感技术可方便及时地获取各种宝贵资料。④获取的数据信息量大，对地观测遥感器目前已涉及从紫外、可见光、红外、微波到超长波的各个波段。根据不同地物的光谱特征差异，遥感技术可选用不同波段和遥感仪器来获取地物光谱信息。⑤可获取不同分辨率的数据，根据地质灾害调查需求，可获取低、中、高及超高分辨率影像，满足不同层次需要。随着航空航天遥感技术的不断发展，遥感技术逐渐向多元化发展，形成多传感器、多平台、多角度对地观测。成像也朝着高分辨率、高光谱分辨率、高时相分辨率的方向发展，极大地提高了遥感的观测尺度，也提高了对地物的分辨本领和识别的精细程度，可以快速提供多种分辨率对地观测的海量数据，充分挖掘和利用遥感技术在孕灾背景调查与研究、地质灾害现状调查与区划、地质灾害动态监测与预警、灾情准实时调查与损失评估中的应用潜力。

合成孔径雷达遥感，其显著特点是主动发射电磁波，具有不依赖太阳光照及气候条件的全天时、全天候对地观测能力，并对云雾、小雨、植被，以及干燥地物有一定的穿透性，此外，通过调节最佳观测视角，其成像的立体效应可以有效地探测目标地物的空间形态，增强地形地貌信息。这些独特的优势使得雷达遥感相对光学遥感，在地质学中得到了更为广泛的应用和发展。因为绝大多数的自然灾害具有偶发性，所以对于依赖太阳光在白天工作的光学遥感器而言，夜间对这些灾害的监测是不可能的，而雷达遥感卫星没有这个限制。地质灾害多发生在地形复杂地区，气候类型复杂，天气多变，灾后天气情况恶劣，雾气和降水不断，使光学遥感受到很大限制。依靠自身发射微波信号对地面进行观测的微波遥感则可以利用微波能够穿透云雨的特性，获取到地面的图像，为及时提供地质灾害信息提供了很好的保障。

在过去的20年中，国际民用高分辨率合成孔径雷达卫星研究又向前跨进了一大步，ENVISAT/ASAR、ALOS/PALSAR、TerraSAR-X、COSMO-SkyMed-X、RADARSAT-2、HJ-1C和GF-3等雷达卫星相继升空，雷达遥感获取的信息量越来越丰富，同时数据处理方法和手段也越来越完善，特别是新型成像雷达遥感技术（极化雷达、干涉雷达）的出现，使雷达遥感已经深入地壳形变、地震孕育、板块运动及地面沉降测量等地质研究领域。尤为重要的是，当前迅猛发展的新型成像雷达技术（极化雷达、干涉雷达）为地质灾害雷达遥感注入了新的活力，为自然灾害的研究开辟了新的思路。实践表明，运用遥感技术可以进行大范围的地质灾害调查与监测，使应急速度得到显著提高，但目前传感器种类较多，如何在海量的数据中发现规律、进行数据的协同处理，来弥补地质灾害信息提取能力的不足，是亟待解决的问题。

1.2 国内外现状与趋势分析

1.2.1 差分干涉测量滑坡隐患调查研究进展

合成孔径雷达干涉测量（InSAR）技术集合成孔径雷达与干涉测量技术于一体，是利用由雷达对同一区域两次或多次获取的复影像数据提取出的电磁波信号的相位信息，通过相位差计算地形或形变信息的一项测量技术（Zebker and Villasenor，1992）。D-InSAR技术即差分合成孔径雷达干涉测量（differential synthetic aperture radar interferometric，D-InSAR）技术，是在InSAR技术上发展起来的方法，主要是通过引入外部数字高程模型，去除InSAR技术获取的干涉图中的地形相位，进而得到差分干涉图（Gabriel et al.，1989）。1988年，美国喷气发动实验室对间隔三天的Seasat卫星的两景SAR遥感数据进行干涉处理，得到了Cottonball盆地地区的数字高程模型（digital elevation model，DEM），首次实现了星载SAR的重轨道多期数据干涉处理，并取得了理想成果（Goldstein et al.，1988）。1989年美国加州理工学院在50km幅宽内以10m分辨率的SAR数据获取了优于厘米级的形变监测结果，首次论证了D-InSAR技术用于探测地表形变的可行性（Gabriel et al.，1989）。此后欧洲航天局、加拿大、美国、日本、意大利、德国等一系列SAR卫星相继成功发射，特别是欧洲航天局ENVISAT ASAR数据和Sentinel-1雷达数据的开放下载，为国内外学者提供了大量不同波段、不同分辨率的SAR数据源，有力地推动了D-InSAR技术的发展，为地表形变监测提供了一种全新的、高精度的技术手段，有效地弥补了传统地质灾害监测方法空间覆盖有限、监测频率低、周期长、点位分布稀疏等缺陷。

差分合成孔径雷达干涉测量（D-InSAR）技术能够开展大范围、高空间分辨率和高精度形变监测，同时得益于其较短的重访周期、远程监测、成本低等特点，能快速地监测更大空间范围的滑坡位移，能够大幅提高对地形复杂地区地质隐患点排查和监测的精度、效率和可靠性（Cascini et al.，2009；Zhao et al.，2012），为传统滑坡监测手段提供了很好的补充，在滑坡调查方面展现出巨大潜力（Colesanti and Wasowski，2006）。由于滑坡隐患点又大多发生在植被茂密的山区，地形复杂，山体陡峭，时间去相干、空间去相干和大气影响制约了D-InSAR技术在滑坡监测中的广泛应用（Di Martire et al.，2017；Strozzi et al.，2017）。永久散射体干涉测量（permanent scatterer synthetic aperture radar interferometry，PSI）技术利用在同一区域所获得的大量SAR图像，对具有稳定散射特性的地面目标相位信息进行分析，能够克服D-InSAR时间去相干、空间去相干和大气影响，得到更高精度的滑坡体变形时间序列（Farina et al.，2006）。永久散射体干涉测量技术的发展，极大地推动了InSAR技术在滑坡探测、滑坡区域地图的绘制（Herrera et al.，2009）、滑坡的监测与建模（Zhang et al.，2019）、滑坡的危害与风险评估中的应用（Intrieri et al.，2013）。

受限于SAR数据来源，我国在InSAR技术对滑坡监测研究上起步也相对较晚，但是近些年仍取得了较大的进展。2000年，武汉大学重点实验室采用D-InSAR技术监测天津市地面沉降，得到的结果与1995～1997年水准测量结果一致（李德仁等，2000）。2001年，中国地震局地震研究所游新兆等利用1992年5月至2000年4月的42景ERS-1与ERS-2 SAR数据对三峡库区地表形变进行监测，组成27对，解算出11对数据干涉较好，获得了较为理想的干涉图像（游新兆等，2001）。2002年，谭衢霖等分析了崩滑流雷达遥感应用的潜力，综述了我国崩滑流遥感的应用现状，着重分析了成像雷达遥感在崩滑流识别、监测、预警中的独特优势（谭衢霖等，2002）。2002年，夏耶在三峡库区树坪滑坡和范家坪滑坡通过安装角反射器，利用11景TerraSAR-X数据监测到了部分滑坡体的形变。2004年，张洁等综述了D-InSAR技术的基本原理和在滑坡监测中的主要方法，指出D-InSAR技术在滑坡监测中要注意DEM精度及失相关等问题（张洁等，2004）。2010年，张建龙等利用两期RADARSAT-1数据监测到了四川丹巴县甲居滑坡整体滑动有加快的趋势（张建龙等，2010）。2015年，王立伟对高山峡谷区D-InSAR技术的应用进行了分析，提出了基于D-InSAR技术的滑坡动态监测方法（王立伟，2015）。2017年，朱建军等分析了D-InSAR技术在城市、矿山、地震、火山、基础设施、冰川、冻土和滑坡等领域的研究现状和不足之处，总结出InSAR技术变形监测在多维形变和低相干区测量、大气和轨道误差去除、精度评定等方面的前沿问题（朱建军等，2017）。

1.2.2 滑坡风险研究进展

滑坡易发性评价是指综合地形地貌、气象水文、地质构造及人类活动等多种因素，对研究区滑坡空间分布的定性或定量的评价。国内外许多学者基于地理信息系统（geographic information system，GIS）平台对滑坡地质灾害评价进行了有意义的研究和探索，并且到目前为止已经取得了很多研究成果（石菊松等，2005；唐川等，2001）。Mollard 采用摄影测量的方式，利用航片对区域内滑坡体进行识别和解译，获取了滑坡空间位置和形态信息，并在此基础上讨论了防治滑坡的风险及手段。至此，遥感技术作为滑坡监测的重要数据获取方式，越来越广泛地应用到滑坡研究中。

随着信息技术的不断发展，GIS 大大地推进了区域性滑坡评价和评估研究的发展。GIS 技术的空间数据存储、空间数据分析、可视化等功能与遥感技术获取的大量数据相结合，在计算机技术的辅助下，将地质灾害评估研究带入了信息化的时代。随着学者对滑坡防灾减灾认识的不断深入，滑坡灾害风险分析与风险管理工作的地位日益突出。研究者利用 GIS 技术，从影响滑坡灾害的条件要素方面，选取地层岩性、地形地貌、地质构造、气象水文、植被覆盖等影响因子，结合统计学模型、数字高程模型、机器学习模型对滑坡灾害的易发性、危险性、风险进行了研究。Martin、Takashi 和 Aleotti 等相继提出并进一步发展了关于滑坡易发性指数（landslide susceptibility index）这一概念，并结合滑坡的历史规律，考虑相应的控制因素对未来滑坡的影响（Cross，1998）。随着对地质灾害研究的不断深入，许多学者由传统的定性分析研究转入对地质灾害的定量研究中，对地质灾害的特征、易发性和危险性等问题进行定量化研究。2003 年，Gregory 基于 GIS 平台采用多重逻辑回归分析模型对美国堪萨斯州东北部的滑坡进行预测分析，得到了较好的结果（Ohlmacher and Davis，2003）。Saboya 等（2006）通过模糊逻辑方法对土耳其开展区域滑坡敏感性评价实验。Gorsevski 和 Jankowski（2010）选取美国的 Clearwater 地区为研究对象，通过卡尔曼滤波的方法建立滑坡综合评判体系，完成滑坡易发性制图。Ghosh 等（2011）在印度 Tehri-Garhwal 地区通过专家评价方法，利用层次分析法，建立该地区的滑坡评价体系。国外的研究者认为：滑坡易发性主要是确定目标区域滑坡在一段时间和空间上滑坡发生的概率以及它们的运动模式、规模和强度。区域滑坡的危险性概率指数主要通过滑坡的空间概率、时间概率和规模或强度概率的乘积获取。随着计算机科学的发展，机器学习算法为滑坡易发性提供了新的研究方法。与传统的统计模型相比，机器学习方法有着更强的非线性预测能力，现已成为区域滑坡易发性建模研究的热点，主要模型包括：人工神经网络模型（冯杭建等，2016）、支持向量机模型（牛瑞卿等，2012）、决策树模型、随机森林模型（刘坚等，2018）等。从一系列的研究结果来看，机器学习算法模型由于其优秀的非线性拟合能力，比传统的统计模型展现出更高的预测精度。

以 GIS 理论为依托，近几年关于西南山区滑坡易发性的应用研究已经展开，许冲等（2010）利用 GIS 理论、层次分析法等对汶川地震区滑坡易发性进行评价。许强等（2010）在 2010 年以四川丹巴县为例对西南山区城镇的地质灾害易损性提出了相应的评价方法，结果表明地质灾害易损性较高的地区主要为学校、居民小区等人口集中、物质经济价值大的地段。王佳佳等（2014）采用 GIS 技术和信息量模型以三峡库区的万州区为例对滑坡灾害易发性进行评价。

1.2.3　地震灾区大范围同震形变信息快速提取

利用大地测量技术获取近场的同震形变是目前研究地震震源机制和发震断层滑动分布的一种重要手段，具有全天时、全天候等突出优势的差分合成孔径雷达干涉测量技术被广泛应用于同震形变的研究中。

Gabriel 等（1989）首次利用三景 Seasat 卫星数据进行了差分干涉测量实验，成功检测到地表形变变化，精度达到厘米量级，论证了 InSAR 技术在监测地表形变上的可能性。Massonnet 等（1993）利用两景 ERS-1 SAR 数据获取了 1992 年的美国加利福尼亚州 Landers M_W 7.3 级地震的同震形变场，并将干涉测量结果与其他类型的测量数据进行了比较，结果相当吻合，其研究成果发表在 *Nature* 杂志上，引起了国际地震界的广泛关注，首次应用 InSAR 技术监测到地表同震形变。此后，InSAR 技术被广泛地应用于地表形变的监测中。随着 InSAR 技术的发展，一些学者除了利用 InSAR 技术测量中的相位信息外，也开始尝试利用幅度信息来获取地震的破裂形变。Michel 等（1999）首次使用互相关方法从两景 ERS 影像中获取 Landers 地震的地表破裂位移，此后偏移量法广泛应用于大地震的研究中。Becher 和 Zebker（2006）提出了多孔径 InSAR（multiple-aperture InSAR，MAI）技术，其精度高于偏移量技术。Jung 等（2009）对 MAI 技术进行改进，并成功将其应用在 Hector Mine 地震中。

许多国内学者从事 InSAR 技术同震形变研究，利用各种模型反演震源参数，也取得了较好的成果。单新建等（2002）利用 InSAR 技术得到了 1997 年西藏玛尼 M_S 7.9 级地震的同震形变场，同时结合 Okada 弹性半空间模型（Okada，1985）反演了地震的震源参数。孙建宝等（2007b）结合 InSAR 技术监测结果，并基于线弹性位错模型反演了西藏玛尼地震的震源参数，反演精度进一步提高。Hu 等（2012）采用 MAI 技术获取了新西兰 Darfield M_W 7.1 级地震的方位向形变，并结合 D-InSAR 结果提取了该地震的三维同震形变信息。杨莹辉等（2014）提出了联合 GPS 观测值与邻轨平滑约束的同震位移校正方法，以克服 InSAR 技术观测汶川地震同震形变场的邻轨不连续问题。温扬茂等（2014）利用 AlOS/PALSAR 像对获取了 InSAR 地表形变场，并结合高精度 GPS 数据，采用同震、黏弹性松弛震后形变联合反演模型同时确定了汶川地震的同震滑动分布和龙门山地区的流变结构参数。季灵运等（2017）基于 Sentinel-1 SAR 影像，利用 InSAR 技术获取了 2017 年九寨沟 M_S 7.0 级地震的同震形变场，采用最速下降法（steepest descent method，SDM）（Wang et al.，2013）反演获得了同震滑动分布，并计算了同震位错对余震分布和周边断层的静态库仑应力变化，分析讨论了发震构造。

此外，还有大量学者利用较新的 SAR 数据和反演模型对同震形变场做进一步的研究（谭凯等，2016；屈春燕等，2017；Huang et al.，2017；Qiu and Qiao，2017）。随着卫星技术的发展和观测水平的提高，从低分辨率卫星数据到高分辨率卫星数据，从 InSAR 技术到

InSAR 技术与 GPS 联合反演，从一维形变到三维形变，以及各种反演模型的提出和应用，人们对同震形变的认识和反演精度也在不断提高。

1.2.4 地震震后形变机制研究

同震过程并不能完全释放断层上累积的应变能，同时同震过程中会扰动区域应力场，引起无震蠕滑等现象发生，造成地表缓慢形变，这一形变过程称为震后形变阶段。震后形变的研究分为两大内容，一是震后形变的时变特征；二是震后形变机制。

震后形变的时变特征是指震后累积形变随时间的变化。基于 GPS（global positioning system）等形变测量数据，学者发现不论何种形变机制，震后形变的累积形变量随时间均呈现逐步趋于平稳的变化趋势。Marone 等（1991）在对震后余滑机制开展研究时发现，震后形变随时间的衰减变化可以使用对数函数进行描述。Shen 等（1994）分析震后黏弹性松弛机制引起的震后形变时序数据时，发现可以使用指数形式的衰减函数进行描述。此外，Savage（2007）指出幂函数也能够很好地描述黏弹性松弛引起的震后形变时变特征。

震后形变机制为震后形变研究的重难点。目前，震后形变的理论和实例研究提出了三种机制解释震后形变。这些机制分别为震后余滑、黏弹性松弛和孔隙弹性回弹。地震是位于脆性层内的断层发生弹性破裂，破裂过程会导致震源附近的应力降，并对周边断层以及下方的黏弹性层产生应力加载。对断层面破裂区上下及邻近部位的应力加载可能会导致震后余滑的产生（刁法启，2011）。黏弹性松弛是指黏弹性层无法承受同震过程瞬间释放的大量应力加载，并随着时间缓慢释放应力进而对上地壳施加力的作用，造成长期的、大范围的地表形变场。孔隙弹性回弹（Segall，2010）是指同震破裂释放的应力使得上地壳发震断层附近的多孔介质内孔隙压变化从而导致短时期内的近场地表形变。一般而言，震后余滑和孔隙弹性回弹造成的地表形变往往局限在断层近场，并且作用时间较短。黏弹性松弛会在断层远场造成长达十年甚至百年的地表形变。需要指出的是，在实际的研究中人们基于地表观测值较难精确地约束震后形变机制，即存在震后形变源模糊问题。这是因为人们很难得到具有完美时空尺度的震后形变场，同时不同震后形变机制会在断层近中场产生相同的震后形变场（刘绍卓，2015）。如对于垂直走滑断层，震后余滑和黏弹性松弛产生的震后形变场是相同的（Savage，1990）。

震后形变研究对认识地球岩石圈-软流圈流变学性质提供了定量数据，其中黏弹性松弛机制是震后形变研究的热点和重点。现存在三种流变学模型（Wright et al.，2013）用来描述地球大陆岩石圈强度流变模型。它们分别是果冻-三明治模型（jelly sandwich model）、奶油焦糖布丁模型（crème brûlée model）和香蕉船冰淇淋模型（banana split model）。果冻-三明治模型认为岩石圈是由强度较大的上地壳和岩石圈地幔夹持强度较小的下地壳构成的；奶油焦糖布丁模型认为大陆岩石圈的强度完全由地壳决定，上地幔因为温度和水而强度小；香蕉船冰淇淋模型进一步考虑了纵切整个岩石圈的地壳断层导致的弱区域。但是目前对究竟哪一种模型能够准确描述地球大陆岩石圈流变特性仍存在争议（Wright et al.，2013）。因此，有关黏弹性松弛机制的震后形变研究对探索地球大陆岩石圈力学特性具有重要意义。同时，黏弹性松弛效应会影响大地震发生时间的聚集特征（Chéry et al., 2001）。Chéry 等（2001）发现 Tsetserleg 大地震、Bonaly 大地震和 Bogd 大地震受黏弹性松弛的影响；Lynch 等（2003）、Kenner 和 Simons（2004）分别研究了黏弹性松弛对同一断层上大地震重现周期的影响。最后，震后形变机制会改变区域应力场，触发地震，如 Hector Mine 地震是由 Landers 地震震后黏弹性松弛效应触发（Freed and Lin, 2002）、Bhuj 地震（To et al., 2004）是由 Rann 地震震后黏弹性松弛效应触发等。

根据地震断层所处位置，震后形变研究可以分为两种，一是研究位于内陆板块大地震的震后形变场，最典型的研究为针对美国南加利福尼亚州 1997 年 M_W 7.1 级的 Hector Mine 地震和 1992 年 M_W 7.3 级的 Landers 地震的系列研究（Freed and Bürgmann, 2004）；二是研究位于大洋俯冲带大地震的震后形变场，如 2011 年 3 月 11 日 M_W 9.3 级的日本大地震（Noda et al., 2018）、1960 年 M_W 9.5 级的智利大地震（Francisco et al., 2006）和 2004 年 M_W 9.2 级的苏门答腊大地震（Fred et al., 2008）等。相较于内陆板块大地震，位于大洋俯冲带大地震的震后形变研究更为复杂。因为在大洋板块和大陆岩石圈汇聚处，大洋板块向大陆岩石圈深部下插并继续俯冲至地幔，这一过程伴随的变形和变质作用造成俯冲板片和大陆岩石圈接触面上岩石的流变学性质由浅至深发生显著的变化，并且洋壳俯冲还使得陆侧深部形成地幔楔体，从而俯冲带的地质构造背景更为复杂（刘绍卓，2015）。同时，海洋板块在震后阶段的运动过程是研究俯冲带大地震震后形变的关键数据，但此部分数据较难获取，这也使得关于俯冲带大地震震后形变的研究较为困难。

相对于同震、震间阶段的研究而言，针对震后阶段的研究较少。GPS 测量数据和 InSAR 测量数据在震后形变研究中得到了广泛的应用，其中 InSAR 测量数据获取的震后形变场不仅具有高空间分辨率、长时间尺度、覆盖范围广阔以及毫米级高精度特点，而且可以弥补 GPS 测量数据空白区域。Colesanti 等（2002）基于时序 InSAR 技术中的永久散射体干涉测量（permanent scatterers interferogram, PSI）算法研究 1992 年的美国加利福尼亚州 Landers 地震震中区域的震后平均形变速率；Donnellan 等（2002）联合使用 InSAR 测量数据和 GPS 测量数据分析 1994 年的 Northridge M_W 6.7 级地震的震后形变机制，发现震后形变满足对数时变特征，震后余滑是 Northridge 地震震后 2 年内的主导形变机制。Ryder 等（2007）采用时序 InSAR 测量数据获取 1997 年的西藏玛尼 M_W 7.6 级地震震后形变场，进而分析震后形变机制，发现震后余滑和黏弹性松弛两种机制均能解释震后形变场；Hussian 等（2016）采用时序 InSAR 技术中的 StaMPS（stanford method for persistent scatterers）方法得到 1999 年的土耳其 M_W 6.3 级地震震后形变场，并分析得到震后余滑是主要形变机制；Wen 等（2012）采用基于改进的小基线集干涉测量（small baseline subsets, SBAS）方法得到 2001 年的西藏可可西里 M_W 7.8 级地震震后形变场，发现震后余滑和黏弹性松弛两种形变机制均能很好地解释震后形变场，对于走滑型地震，很难区分这两种形变机制。Wang 等（2012）和 Fattahi 等（2015）采用 SBAS 方法分别得到 2003 年的 Algeria M_W 6.8 级逆冲地震、2004 年的 Parkfield M_W 6.0 级地震和 2007 年的 Ghazaband M_W 5.5 级地震震后形变场，发现震后余滑为震后主导形变机制；李永生（2014）使用 SBAS 方法获取 2008 年的西藏当雄 M_W 6.8 级地震震后形变场，发现震后余滑和黏弹性松弛两种形变机制均能很好地解释震后形变场；Yang 等（2016）使用 SBAS 方法获取 2009 年的大柴旦 M_W 6.2 级地震震后形变场，发现震后余滑和黏弹性松弛联合模型能够很好地解释震后形变场；Wang 和 Fialko（2018）联合使用 InSAR 测量数据和 GPS 测量数据获取 2015 年的 M_W 7.8 级尼泊尔地震震后形变场，发现震后余滑是震后形变的主导机制。

从上述研究中可以看出，震后形变场会受到不同形变机制的耦合作用，震后形变源模糊经常存在。同时，研究表明垂向形变有助于区分不同的形变源（刘绍卓，2015）。然而 GPS 测量数据垂向观测误差太大，InSAR 测量数据虽然对垂向形变敏感，但是在中远场信噪比比较低，而中远场数据是区分不同形变源的关键。因此，研究震后形变的瞬态和稳态源、解决震后形变源模糊问题仍是当前震后形变研究的重难点。

1.2.5 地震灾害建筑物损毁监测与评估方法

地震发生后建筑物损毁所引起的人员伤亡占总人员伤亡的95%。因此，地震灾害发生后，建筑物损毁情况的快速准确评估对于紧急救援具有十分重要的意义。SAR 具有不受云雨天气影响可快速对地成像的优势，是地震灾害发生后建筑物损毁监测与评估的重要手段。根据 SAR 数据源的极化方式，建筑物损毁评估制图的方法可以分为两大类。

（1）基于单极化 SAR 的建筑物损毁监测研究：一般中低分辨率的 SAR 图像是通过地震前后图像的变化来检测地震灾害情况（Gamba et al.，2007；Jin and Wang，2009）。主要有两种检测方法，一种是利用地震前后的 SAR 图像的强度信号的相关性进行震害探测；另一种是利用 SAR 的干涉相干性来进行震害探测。Matsuoka 和 Yamazaki 利用 ENVISAT ASAR 数据对伊朗地震的建筑物损毁进行分析（Matsuoka and Yamazaki，2005），利用地震发生前后的 SAR 图像的强度变化情况和相关特征建立模型，提取该区域的损毁建筑物。Matsuoka 和 Yamazaki 利用 ERS 数据，将雷达强度信号与相干系数结合对建筑物损毁区域进行监测和分析，并提出了一个指标来对建筑物损毁程度进行分类评估，实验证明该方法精度较高（Matsuoka and Yamazaki，2012）。Yonezawa 和 Takeuchi 利用 ERS-1 数据对 1995 年日本神户地震进行分析，发现短基线距像对更有利于去相干来对建筑物损毁进行监测（Yonezawa and Takeuchi，2002）。Zhang 等通过利用张北地震前后的高分辨率 SAR 数据，分析了损毁建筑物的灰度方差差异性和平均灰度，对建筑物的损毁情况进行了监测和定量提取（Zhang et al.，2002）。Liu 等利用 ENVISAT ASAR 数据对汶川地震的损毁建筑物进行研究，发现相干系数变化的指数与损毁程度之间具有较高的相关性（Liu et al.，2010）。近几年来，TerraSAR-X、TanDEM-X 以及 COSMO-SkyMed 卫星的发射开辟了星载 SAR 高分辨率的数据时代，同时也给现有技术提出了巨大的挑战。在高分辨率 SAR 图像中，建筑物能够清晰地以单个目标存在，因此提高了目视解译的效果，使其具有更佳的可视性。但电磁波在建筑物之间以及建筑物与地表之间存在多次散射，这使得建筑物在高分辨率的 SAR 图像上的信息更为复杂（Hosokawa and Jeong，2007）。因此，如何从复杂背景中提取城市建筑物灾害损毁信息也成为新的研究热点。

（2）基于全极化 SAR 的建筑物损毁监测研究：全极化 SAR 图像可以更好地阐释散射机制的变化，并且蕴含着丰富的极化信息（Greatbatch，2012），因此如何合理利用极化特征来提取灾后建筑物的损毁信息成了研究的重点（王庆，2014；闫丽丽，2013；孙萍，

2013）。全极化SAR技术的优势已经被大量的应用所证明（Greatbatch，2012；Lee et al.，2001）。

但是由于数据源稀缺，关于利用全极化SAR进行建筑物损毁分析的论文和研究较少（Sato et al.，2012；Watanabe et al.，2012）。卫星轨道的规律性能够使得雷达卫星可以重复访问同一个地区，并积累图像的存档，用于灾害前后的数据对比。通过这些多时相的图像，可以了解和检测灾害引起的变化情况。如Sang-Eun Park等利用地震前后的ALOS PALSAR图像，进行了变化检测的研究，实验发现震后建筑物区域的极化特征，如Yamaguchi分解得到的散射成分分量等均发生了变化。Watanabe等利用ALOS和PiSAR数据对地震前后的极化参数和散射机制做了对比分析，通过实验提出了一系列能够检测灾害信息的极化参数和极化特征（Watanabe et al.，2012）。Chen等则利用ALOS PALSAR数据，对比多幅灾前灾后图像进行实验，发现建筑物区域的损毁程度与Yamaguchi分解二次散射分量的变化量和极化方位角的标准差有关，因此利用这两个极化参量建立损毁指标来指示建筑物的损毁程度，并进行了损毁制图（Chen and Sato，2013；Chen et al.，2016）。Guo等利用地震前后的两景ALOS PALSAR数据对玉树地震进行了建筑物倒塌信息的提取与分析，并利用平均散射角以及极化散射熵值来提取地表信息，然后根据圆极化相关系数来辨别倒塌和未倒塌的建筑物，实验证明了该方法的有效性（Guo et al.，2009）。

参考文献

刁法启，2011. 基于GPS观测的同震、震后形变研究. 北京：中国科学院大学.

冯杭建，周爱国，俞剑君，等，2016. 浙西梅雨滑坡易发性评价模型对比. 地球科学，41（3）：403-415.

龚丽霞，张景发，曾琪明，等，2013. 城镇建筑震害SAR遥感探测与评估研究综述. 地震工程与工程振动，33（4）：195-201.

季灵运，刘传金，徐晶，等，2017. 九寨沟M_S 7.0级地震的InSAR观测及发震构造分析. 地球物理学报，60（10）：4069-4082.

李德仁，周月琴，马洪超，2000. 卫星雷达干涉测量原理与应用. 测绘科学，25（1）：9-12.

李永生，2014. 高级时序InSAR地面形变监测及地震同震震后形变反演. 北京：中国地震局工程力学研究所.

刘坚，李树林，陈涛，2018. 基于优化随机森林模型的滑坡易发性评价. 武汉大学学报（信息科学版），43（7）：1085-1091.

刘绍卓，2015. 美国南加州Mojave沙漠地区震间震后形变研究. 北京：中国地震局地质研究所.

牛瑞卿，彭令，叶润青，等，2012. 基于粗糙集的支持向量机滑坡易发性评价. 吉林大学学报（地球科学版），42（2）：430-439.

屈春燕，左荣虎，单新建，等，2017. 尼泊尔M_W 7.8级地震InSAR同震形变场及断层分布. 地球物理学报，60（1）：151-162.

单新建，马瑾，柳稼航，等，2002. 利用星载D-InSAR技术获取的地表形变场提取玛尼地震震源断层参数. 中国科学（D辑：地球科学），32（10）：837-844.

石菊松，张永双，董诚，等，2005. 基于GIS技术的巴东新城区滑坡灾害危险性区划. 地球学报，26：275-282.

孙建宝，徐锡伟，沈正康，等，2007a. 基于线弹性位错模型及干涉雷达同震形变场反演1997年玛尼M_W

7.5 级地震参数-Ⅰ. 均匀滑动反演. 地球物理学报, 50 (4): 1097-1110.
孙建宝, 石耀霖, 沈正康, 等, 2007b. 基于线弹性位错模型反演 1997 年西藏玛尼 M_W 7.5 级地震的干涉雷达同震形变场-Ⅱ. 滑动分布反演. 地球物理学报, 50 (5): 1390-1397.
孙萍, 2013. 极化 SAR 图像建筑物提取方法研究. 北京: 首都师范大学.
谭凯, 赵斌, 张彩虹, 等, 2016. GPS 和 InSAR 同震形变约束的尼泊尔 M_W 7.9 和 M_W 7.3 地震破裂滑动分布. 地球物理学报, 59 (6): 2080-2093.
谭衢霖, 邵芸, 范湘涛, 2002. 崩滑流雷达遥感应用潜力分析. 自然灾害学报, 11 (1): 128-133.
唐川, 朱静, 张翔瑞, 2001. GIS 支持下的地震诱发滑坡危险区预测研究. 地震研究, 24 (1): 73-81.
王佳佳, 殷坤龙, 肖莉丽, 2014. 基于 GIS 和信息量的滑坡灾害易发性评价——以三峡库区万州区为例. 岩石力学与工程学报, 33 (4): 797-808.
王立伟, 2015. 基于 D-InSAR 数据分析的高山峡谷区域滑坡位移识别. 北京: 北京科技大学.
王庆, 2014. 基于极化 SAR 的建筑物震害信息提取研究. 北京: 北京大学.
温晓阳, 张红, 王超, 2009. 地震损毁建筑物的高分辨率 SAR 图像模拟与分析. 遥感学报, 13 (1): 191-198.
温扬茂, 许才军, 李振洪, 等, 2014. InSAR 约束下的 2008 年汶川地震同震和震后形变分析. 地球物理学报, 57 (6): 1814-1824.
许冲, 戴福初, 姚鑫, 等, 2010. 基于 GIS 与确定性系数分析方法的汶川地震滑坡易发性评价. 工程地质学报, 18 (1): 15-26.
许强, 张一凡, 陈伟, 2010. 西南山区城镇地质灾害易损性评价方法——以四川省丹巴县城为例. 地质通报, 29 (5): 729-738.
闫丽丽, 2013. 基于散射特征的极化 SAR 影像建筑物提取研究. 徐州: 中国矿业大学.
杨莹辉, 陈强, 刘国祥, 等, 2014. 汶川地震同震形变场的 GPS 和 InSAR 邻轨平滑校正与断层滑移精化反演. 地球物理学报, 57 (5): 1462-1476.
游新兆, 李澍荪, 杨少敏, 等, 2001. 长江三峡工程库首区 InSAR 测量的初步研究. 地壳形变与地震, 21 (4): 58-66.
张建龙, Singhroy V H, 李晓春, 等, 2010. 差分干涉测量技术在四川甲居滑坡监测中应用研究. 成都理工大学学报 (自然科学版), 37 (5): 554-557.
张洁, 胡光道, 罗宁波, 2004. INSAR 技术在滑坡监测中的应用研究. 工程地球物理学报, 1 (2): 147-153.
朱建军, 李志伟, 胡俊, 2017. InSAR 变形监测方法与研究进展. 测绘学报, 46 (10): 1717-1733.
Ainsworth T L, Schuler D L, Lee J S, et al., 2008. Polarimetric SAR characterization of man-made structures in urban areas using normalized circular-pol correlation coefficients. Remote Sensing of Environment, 112: 2876-2885.
Balz T, Liao M, 2010. Building-damage detection using post-seismic high-resolution SAR satellite data. International Journal of Remote Sensing, 31: 3369-3391.
Bechor N B D, Zebker H A, 2006. Measuring two-dimensional movements using a single InSAR pair. Geophysical Research Letters, 33 (16): 275-303.
Bovolo F, Bruzzone L, Marchesi S, 2009. Analysis and adaptive estimation of the registration noise distribution in multitemporal VHR images. IEEE Transactions on Geoscience & Remote Sensing, 47: 2658-2671.
Brunner D, Lemoine G, Bruzzone L, 2010. Earthquake damage assessment of buildings using VHR optical and SAR imagery. IEEE Transactions on Geoscience & Remote Sensing, 48: 2403-2420.
Cascini L, Fornaro G, Peduto D, 2009. Analysis at medium scale of low-resolution DInSAR data in slow-moving

landslide-affected areas. ISPRS Journal of Photogrammetry and Remote Sensing, 64: 598-611.

Chen S W, Sato M, 2013. Tsunami damage investigation of built-up areas using multitemporal spaceborne full polarimetric SAR images. IEEE Transactions on Geoscience & Remote Sensing, 51: 1985-1997.

Chen S W, Wang X S, Sato M, 2016. Urban damage level mapping based on scattering mechanism investigation using fully polarimetric SAR data for the 3.11 east Japan Earthquake. IEEE Transactions on Geoscience & Remote Sensing, 54: 6919-6929.

Chini M, Pierdicca N, Emery W J, 2008. Exploiting SAR and VHR optical images to quantify damage caused by the 2003 Bam earthquake. IEEE Transactions on Geoscience & Remote Sensing, 47: 145-152.

Chéry J, Carretier S, Ritz J F, 2001. Postseismic stress transfer explains time clustering of large earthquakes in Mongolia. Earth Planetary Science Letters, 194: 1-286.

Colesanti C, Ferretti A, Prati C, et al., 2002. Seismic faults analysis in California by means of the permanent scatterers technique//Retrieval of Bio-and Geophysical Parameters from SAR Data for Land Applications.

Colesanti C, Wasowski J, 2006. Investigating landslides with space-borne Synthetic Aperture Radar (SAR) interferometry. Engineering Geology, 88: 173-199.

Cross M, 1998. Landslide susceptibility mapping using the matrix assessment approach: A derbyshire case study. Geological Society, London, Engineering Geology Special Publications, 15: 247-261.

Dell'Acqua F, Lisini G, Gamba P, 2009. Experiences in optical and SAR imagery analysis for damage assessment in the Wuhan, May 2008 Earthquake. 2009 IEEE International Geoscience and Remote Sensing Symposium.

Di Martire D, Paci M, Confuorto P, et al., 2017. A nation-wide system for landslide mapping and risk management in Italy: The second not-ordinary plan of environmental remote sensing. International Journal of Applied Earth Observation and Geoinformation, 63: 143-157.

Donnellan A, Parker J W, Peltzer G, 2002. Combined GPS and InSAR models of postseismic deformation from the northridge earthquake. Pure Applied Geophysics, 159: 2261-2270.

Farina P, Colombo D, Fumagalli A, et al., 2006. Permanent scatterers for landslide investigations: Outcomes from the ESA-SLAM project. Engineering Geology, 88: 200-217.

Fattahi H, Amelung F, Chaussard E, et al., 2015. Coseismic and postseismic deformation due to the 2007 *M*5.5 Ghazaband fault earthquake, Balochistan, Pakistan. Geophysical Research Letters, 42: 3305-3312.

Ferro A, Brunner D, Bruzzone L, et al., 2011. On the relationship between double bounce and the orientation of buildings in VHR SAR images. IEEE Geoscience & Remote Sensing Letters, 8: 612-616.

Francisco L M, Frank R, Wang R, 2006, Inversion for rheological parameters from post-seismic surface deformation associated with the 1960 Valdivia earthquake, Chile. Geophysical Journal International, 164: 75-87.

Fred P, Paramesh B, Kelly G, et al., 2008. Effect of 3-D viscoelastic structure on post-seismic relaxation from the 2004 $M=9.2$ Sumatra earthquake. Geophysical Journal International, 173: 189-204.

Freed A M, Bürgmann R, 2004. Evidence of power-law flow in the Mojave desert mantle. Nature, 430: 548-551.

Freed A M, Lin J, 2002. Accelerated stress buildup on the southern San Andreas fault and surrounding regions caused by Mojave Desert earthquakes. Geology, 30: 571-574.

Gabriel A K, Goldstein R M, Zebker H A, 1989. Mapping small elevation changes over large areas: Differential radar interferometry. Journal of Geophysical Research: Solid Earth, 94: 9183-9191.

Gamba P, Dell'Acqua F, Trianni G, 2007. Rapid damage detection in the Bam area using multitemporal SAR and exploiting ancillary data. IEEE Transactions on Geoscience & Remote Sensing, 45: 1582-1589.

Ghosh S, Carranza E J M, Van Westen C J, et al., 2011. Selecting and weighting spatial predictors for empirical modeling of landslide susceptibility in the Darjeeling Himalayas (India). Geomorphology, 131: 35-56.

Goldstein R M, Zebker H A, Werner C L, 1988. Satellite radar interferometry: Two-dimensional phase unwrapping. Radio Science, 23: 713-720.

Gorsevski P V, Jankowski P, 2010. An optimized solution of multi- criteria evaluation analysis of landslide susceptibility using fuzzy sets and Kalman filter. Computers & Geosciences, 36: 1005-1020.

Greatbatch I, 2012. Polarimetric radar imaging: From basics to applications, by Jong- Sen Lee and Eric Pottier. International Journal of Remote Sensing, 33: 333-334.

Guida R, Iodice A, Riccio D, 2010. Monitoring of collapsed built- up areas with high resolution SAR images. Geoscience and Remote Sensing Symposium (IGARSS), 2010 IEEE International.

Guo H D, Wang X Y, Li X W, et al., 2010. Yushu earthquake synergic analysis using multimodal SAR datasets. Chinese Science Bulletin, 55 (31): 3499-3503.

Guo H, Li X, Zhang L, 2009. Study of detecting method with advanced airborne and spaceborne synthetic aperture radar data for collapsed urban buildings from the Wenchuan earthquake. Journal of Applied Remote Sensing, 3: 131-136.

Herrera G, Fernández- Merodo J A, Mulas J, et al., 2009. A landslide forecasting model using ground based SAR data: The Portalet case study. Engineering Geology, 105: 220-230.

Hosokawa M, Jeong B P, 2007. Earthquake damage detection using remote sensing data. IEEE International Geoscience & Remote Sensing Symposium, IGARSS 2007, July 23-28, 2007, Barcelona, Spain, Proceedings.

Hu J, Li Z W, Ding X l, et al., 2012. 3D coseismic displacement of 2010 Darfield, New Zealand earthquake estimated from muti-aperture InSAR and D-InSAR Measurements. Journal of Geodesy, 86 (11): 1029-1041.

Huang Y, Yang S, Qiao X, et al., 2017. Measuring ground deformations caused by 2015 M_W 7.8 Nepal earthquake using high-rate GPS data. Geodesy and Geodynamics, 8 (4): 285-291.

Hussain E, Wright T J, Walters R J, et al., 2016. Geodetic observations of postseismic creep in the decade after the 1999 Izmit earthquake, Turkey: Implications for a shallow slip deficit. Journal of Geophysical Research Solid Earth, 121: 2980-3001.

Intrieri E, Di Traglia F, Del Ventisette C, et al., 2013. Flank instability of Stromboli volcano (Aeolian Islands, Southern Italy): Integration of GB-InSAR and geomorphological observations. Geomorphology, 201: 60-69.

Jin D, Wang X, Dou A, et al., 2011. Post earthquake building damage assessment in Yushu using airborne SAR imagery. Earthquake Science, 24 (5): 463-473.

Jin Y Q, Wang D, 2009. Automatic detection of terrain surface changes after Wenchuan earthquake, May 2008, from ALOS SAR images using 2EM-MRF method. IEEE Geoscience & Remote Sensing Letters, 6: 344-348.

Jung H, Won J, Kim S, 2009. An improvement of the performance of multiple- aperture SAR interferiometry (MAI). IEEE Transactions on Geoscience and Remote Sensing, 47 (8): 2859-2869.

Kenner S J, Simons M J, 2004. Temporal clustering of major earthquakes along individual faults due to post-seismic reloading. Geophysical Journal of the Royal Astronomical Society, 160: 179-194.

Lee J S, Grunes M R, Pottier E, 2001. Quantitative comparison of classification capability: Fully polarimetric versus dual and single-polarization SAR. IEEE Transactions on Geoscience & Remote Sensing, 39: 2343-2351.

Li X, Guo H, Zhang L, et al., 2012. A new approach to collapsed building extraction using RADARSAT-2 polarimetric SAR imagery. IEEE Geoscience & Remote Sensing Letters, 9: 677-681.

Liu S, Zhang F, Wei S, et al., 2020. Building damage mapping based on Touzi decomposition using quad-polarimetric ALOS PALSAR data. Frontiers of Earth Science. doi：10. 1007/s11707-019-0779-3.

Liu Y，Qu C，Shan X，et al.，2010. Application of SAR data to damage identification of the Wenchuan earthquake. Acta Geographica Sinica，32：214-223.

Lynch J C，Burgmann R，Richards M A，2003. When faults communicate：Viscoelastic coupling and earthquake clustering in a simple two-fault system. Geophysical Research Letters，30：1270.

Marone C J，Scholtz C H，Bilham R，1991. On the mechanics of earthquake afterslip. Journal of Geophysical Research Solid Earth，B5：8441-8452.

Massonnet D，Rossi M，Garmona C，et al.，1993. The displacement field of the Landers earthquake mapped by radar interferometry. Nature，364（6433）：138-142.

Matsuoka M，Yamazaki F，2005. Building damage mapping of the 2003 Bam，Iran，Earthquake using Envisat/ASAR intensity imagery. Earthquake Spectra，21：S285-S294.

Matsuoka M，YamazakiF，2012. Use of satellite SAR intensity imagery for detecting building areas damaged due to earthquakes. Earthquake Spectra，20：975-994.

Michel R，Avouac J P，Taboury J，1999. Measuring ground displacements from SAR amplitude images：Application to the Landers earthquake. Geophysical Research Letters，26（7）：875-878.

Mollard J D，1977. 2 Regional landslide types in Canada// Landslides：29-56. doi：10. 1130/REG3-p29

Noda A，Takahama T，Kawasato T，et al.，2018. Interpretation of offshore crustal movements following the 2011 tohoku-oki earthquake by the combined effect of afterslip and viscoelastic stress relaxation. Pure Applied Geophysics，175：559-572.

Ohlmacher G C，Davis J C，2003. Using multiple logistic regression and GIS technology to predict landslide hazard in northeast Kansas，USA. Engineering Geology，69：331-343.

Okada Y，1985. Surface deformation due to shear and tensile fault in a half-space. Bulletin of the Seismological Society of Ameerica，75（4）：1135-1154.

Park S E，Yamaguchi Y，Singh G，et al.，2012. Polarimetric SAR remote sensing of earthquake/tsunami disaster. 2012 IEEE International Geoscience and Remote Sensing Symposium，1170-1173.

Pollitz F，Peltzer G，Burgmann R，2000. Mobility of continental mantle：Evidence from postseismic geodetic observations following the 1992 Landers earthquake. Journal of Geophysical Research Solid Earth，105（B4）：8035-8054.

Qiu J T，Qiao X J，2017. A study on the seismogenic structure of the 2016 Zaduo，Qinghai M_S 6. 2 earthquake using InSAR technology. Geodesy and Geodynamics，8（5）：342-346.

Ryder I，Parsons B，Wright T J，et al.，2007. Post-seismic motion following the 1997 Manyi（Tibet）earthquake：InSAR observations and modelling. Geophysical Journal International，169：1009-1027.

Saboya F，Da Glória Alves M，Dias Pinto W，2006. Assessment of failure susceptibility of soil slopes using fuzzy logic. Engineering Geology，86：211-224.

Sato M，Chen S W，Satake M，2012. Polarimetric SAR analysis of tsunami damage following the March 11，2011 East Japan Earthquake. Proceedings of the IEEE，100：2861-2875.

Savage J C，2007. Postseismic relaxation associated with transient creep rheology. Journal of Geophysical Research Solid Earth，112（B5）：B05412.

Savage J C，1990. Equivalent strike-slip earthquake cycles in half-space and lithosphere-asthenosphere earth models. Journal of Geophysical Research，95：4873-4879.

Segall P，2010. Earthquake and volcano deformation. New Jersey：Princeton University Press.

Shen Z K，Jackson D D，Feng Y，et al.，1994. Postseismic deformation following the Landers earthquake，

California, 28 June 1992. Bulletin-Seismological Society of America, 84 (3): 780-791.

Sportouche H, Tupin F, Denise L, 2009. Building extraction and 3D reconstruction in urban areas from high-resolution optical and SAR imagery. Urban Remote Sensing Event. doi: 10.1109/URS.2009.5137746.

Strozzi T, Caduff R, Wegmüller, Urs, et al., 2017. Widespread surface subsidence measured with satellite SAR interferometry in the Swiss alpine range associated with the construction of the Gotthard Base Tunnel, Remote Sensing of Environment, 190: 1-12.

To A, Bürgmann R, Pollitz F, 2004. Postseismic deformation and stress changes following the 1819 Rann of Kachchh, India earthquake: Was the 2001 Bhuj earthquake a triggered event? Geophysical Research Letters, 31: L13609.

Wang K, Fialko Y, 2018. Observations and modeling of coseismic and postseismic deformation due to the 2015 M_W 7.8 gorkha (Nepal) earthquake. Journal of Geophysical Research Solid Earth, 123 (1): 761-779.

Wang L, Hainzl S, ZöLler G, et al., 2012. Stress-and aftershock-constrained joint inversions for coseismic and postseismic slip applied to the 2004 M 6.0 Parkfield earthquake. Journal of Geophysical Research Solid Earth, 117 (B7): 7406.

Wang R J, Diao F Q, Hoechner A, 2013. SDM—A geodetic inversion code incorporating with layered crust structure and curved fault geometry//EGU General Assembly 2013. Vienna, Austria: EUG.

Wang T L, Jin Y Q, 2011. Postearthquake building damage assessment using multi-mutual information from pre-event optical image and postevent SAR image. IEEE Geoscience and Remote Sensing Letters, 9 (3): 452-456.

Watanabe M, Motohka T, Miyagi Y, et al., 2012. Analysis of urban areas affected by the 2011 off the Pacific Coast of Tohoku earthquake and Tsunami with L-Band SAR full-polarimetric mode. IEEE Geoscience & Remote Sensing Letters, 9: 472-476.

Wen Y, Li Z, Xu C, et al., 2012. Postseismic motion after the 2001 M_w 7.8 Kokoxili earthquake in Tibet observed by InSAR time series. Journal of Geophysical Research Atmospheres, 117 (B8): B08405.

Wright T J, Elliott J R, Wang H, et al., 2013. Earthquake cycle deformation and the Moho: Implications for the rheology of continental lithosphere. Tectonophysics, 609: 504-523.

Xia Z G, Henderson F M, 1997. Understanding the relationships between radar response patterns and the bio-and geophysical parameters of urban areas. IEEE Transactions on Geoscience & Remote Sensing, 35: 93-101.

Yang L, Caijun X, Zhenhong L, et al., 2016. Time- Dependent afterslip of the 2009 M_W 6.3 Dachaidan earthquake (China) and viscosity beneath the Qaidam basin inferred from postseismic deformation observations. Remote Sensing, 8 (8): 649.

Yonezawa C, Takeuchi S, 2002. Detection of urban damage using interferometric SAR decorrelation. Geoscience and Remote Sensing Symposium.

Zebker H A, Villasenor J, 1992. Decorrelation in interferometric radar echoes. IEEE Transactions on Geoscience and Remote Sensing, 30: 950-959.

Zhai W, Zhao F, 2016. Urban building extraction based on polarization SAR. Gansu Science and Technology, 32: 46-48.

Zhang H, Wang Q, Zeng Q, et al., 2015. A novel approach to building collapse detection from post-seismic polarimetric SAR imagery by using optimization of polarimetric contrast enhancement. IGARSS 2015-2015 IEEE International Geoscience and Remote Sensing Symposium.

Zhang J, Xie L, Tao X, 2002. Change detection of remote sensing image for earthquake damaged buildings and its application in seismic disaster assessment. Journal of Natural Disasters, 11: 59-64.

Zhang Y, Huang C C, Shulmeister J, et al., 2019. Formation and evolution of the Holocene massive landslide-dammed lakes in the Jishixia Gorges along the upper Yellow River: No relation to China's Great Flood and the Xia Dynasty. Quaternary Science Reviews, 218: 267-280.

Zhao C, Lu Z, Zhang Q, et al., 2012. Large-area landslide detection and monitoring with ALOS/PALSAR imagery data over Northern California and Southern Oregon, USA. Remote Sensing of Environment, 124: 348-359.

第2章　基于InSAR的滑坡地表形变监测

滑坡是个动态的变化过程，随着降雨、人类活动等因素的变化，集中调查出的滑坡隐患有些会随着时间推移趋于稳定，同时也会增加许多新的隐患。特别是对于西南山区，由于山高坡陡、植被茂密，光学遥感手段很难识别，人工调查也容易遗漏。而D-InSAR技术被认为是大面积地表形变连续监测的唯一有效工具（Carnec and Delacoart，2000）。因此本章将论述D-InSAR技术以及在此基础上发展的多时相InSAR（MT-InSAR）技术，在西南山区开展滑坡变形监测存在的问题和相应改进方法，并通过实验验证分析。

2.1　监测原理及技术流程

合成孔径雷达干涉测量（InSAR）技术具备全天候、高精度等特点，已成为常用的大地测量技术之一。随之而来的差分合成孔径雷达干涉测量（D-InSAR）技术得益于其较短的重访周期、远程监测、成本低等特点，能快速地监测更大空间范围的滑坡位移，能够大幅提高对地形复杂地区地质隐患点排查和监测的精度、效率和可靠性（Cascini et al.，2009；Zhao et al.，2012），为传统滑坡监测手段提供了很好的补充，在大区域滑坡调查方面展现出巨大潜力（Colesanti and Wasowski，2006）。但滑坡区植被茂密的山区，地形复杂，山体陡峭，时间去相干、空间去相干和大气影响制约了D-InSAR技术在滑坡监测中的广泛应用（Di Martire et al.，2017；Strozzi et al.，2017）。为了突破D-InSAR技术的限制，发展了MT-InSAR技术，MT-InSAR技术已广泛应用于形变监测（Hooper，2008）、滑坡区域地图的绘制（Herrera et al.，2009）、滑坡建模（Zhang et al.，2019）、滑坡的危害与风险评估（Intrieri et al.，2013）等方面。接下来本章将介绍D-InSAR和MT-InSAR滑坡地表形变监测原理与技术流程，并在此基础上对两种技术进行比较。

2.1.1　D-InSAR地表形变监测原理与技术流程

1. D-InSAR地表形变监测原理

D-InSAR技术是利用同一地区观测的两幅SAR复数影像进行干涉处理，通过相位信息获取地表高程信息及形变信息的技术（Bamler and Hartl，1998）。根据成像时间，InSAR技术可以分为单次轨道（single-pass）和重复轨道（repeat-pass）两种模式。单次轨道干涉是指在同一机载或星载平台上装载两副天线，其中一副天线发射信号，两副天线都接受地面回波信号，并利用获取的数据进行干涉处理。重复轨道干涉是指同一传感器或相似传感器按照平行轨道两次对地成像，利用得到的数据进行干涉处理。两次成像时 SAR 系统之间的空间距离称为空间基线距，时间间隔称为时间基线（Goldstein and Werner，1998）。

重复轨道 InSAR 观测的几何关系如图 2.1 所示。S_1 和 S_2 分别表示主、辅影像传感器；B 为空间基线；$B_{//}$ 为基线在视线方向的投影；$B_{\perp}$ 为基线在垂直视线方向的投影；α 为基线距与水平方向的倾角；θ 为主影像入射角；H 为主传感器的相对地面高度；R_1 和 R_2 分别为主、辅影像斜距；P 为地面目标点，其高程为 h。地面目标点 P 两次成像时的图像分别为

$$c_1 = \boldsymbol{A}_1 \mathrm{e}^{\mathrm{i}\phi_1} \quad c_2 = \boldsymbol{A}_2 \mathrm{e}^{\mathrm{i}\phi_2} \tag{2.1}$$

式中，$\boldsymbol{A}$ 为振幅矩阵；i 为虚数单位；ϕ 为相位；c_1 为主影像；c_2 为辅影像。主、辅影像共轭相乘，即可得到复干涉图：

$$I = c_1 . c_2^* = \boldsymbol{A}_1 \boldsymbol{A}_2 \mathrm{e}^{\mathrm{i}(\phi_1 - \phi_2)} \tag{2.2}$$

式中，I 为复干涉结果；*为共轭。设 φ 为干涉相位，则有

$$\varphi = \varphi_1 - \varphi_2 = -\frac{4\pi}{\lambda}(R_1 - R_2) + (\phi_{\mathrm{obj1}} - \phi_{\mathrm{obj2}}) \tag{2.3}$$

式中，φ_1 为 S_1 点相位；φ_2 为 S_2 点相位；λ 为波长；ϕ_{obj1} 为主影像轨道相位；ϕ_{obj2} 为辅影像轨道相位。

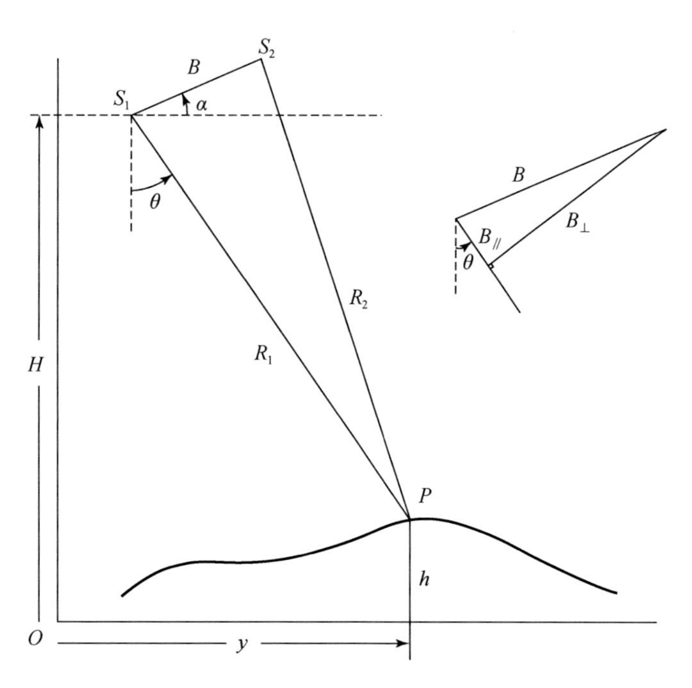

图 2.1　InSAR 基本原理图

在忽略噪声的情况下，假定两次成像时大气情况基本一致，通过去除平地相位和地形相位，就能获取地面目标点的形变信息 d。

$$\varphi_{\mathrm{def}} = -\frac{4\pi}{\lambda} d \tag{2.4}$$

式中，φ_{def} 为形变相位。目前消除地形相位主要有四种方法（Kampes and Hanssen，2000）：①利用甚小基线的干涉对，可以无须考虑地形相位的影响，直接获取在雷达视线方向上地

面目标点的形变，即甚短基线法；②利用外部 DEM，根据两次成像时的影像参数构建模拟的地形相位干涉条纹图，达到消除地形影响的目的，即两轨法；③加入一景覆盖同一区域的雷达影像，采用同一主图像构建地形对，计算地形相位在形变对中的影响，即三轨法；④利用覆盖同一区域的不包含形变的信息的一个干涉对计算地形信息，并将其从形变对中剔除的方法，即四轨法。

2. D-InSAR 地表形变监测技术流程

SRTM（shuttle radar topography mission）、ASTER GDEM V2 和 WorldDEM 等一批高精度 DEM 的出现（Rabus et al.，2003），为两轨法的广泛应用提供了数据保障，使其成为处理 D-InSAR 滑坡监测数据中最常用的方法。图 2.2 为两轨法 D-InSAR 数据处理流程。

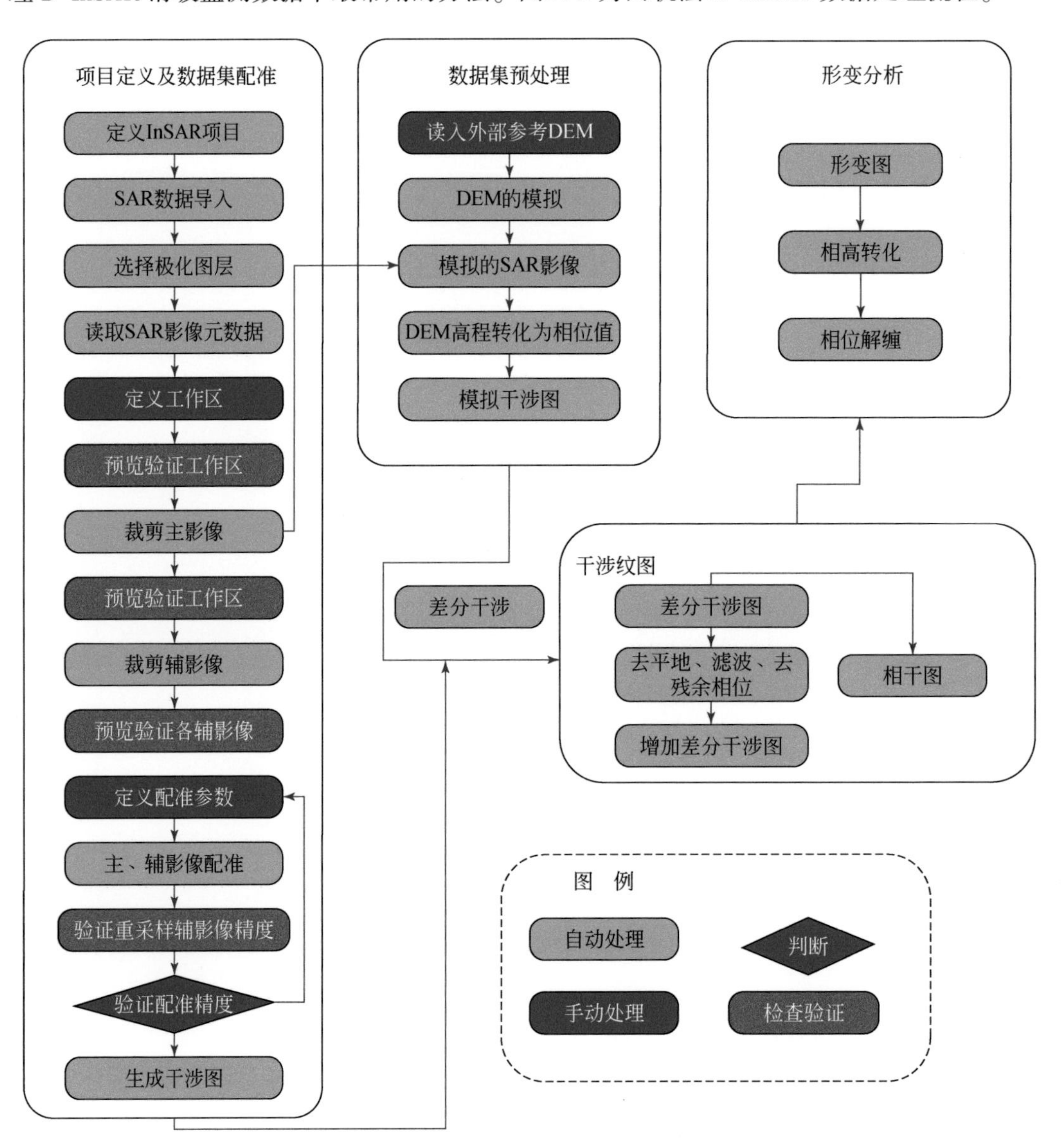

图 2.2 两轨法 D-InSAR 数据处理流程图

1）主影像选择和影像组合

选择满足空间基线和时间基线的干涉对，计算干涉对的时间和空间基线，选择干涉对中的一景影像作为主影像。

2）影像配准和裁剪

设置配准参数，对干涉对进行配准计算。主、辅影像配准时要求方位向和距离向误差均小于 0.25 个像元，且计算配准多项式的同名点应在整景影像上均匀分布。所有配准影像裁剪后的公共区域应大于或等于设计的监测工作范围，如有缺失应及时补充数据。选择配准影像中的公共区域作为 InSAR 处理范围，将所有影像裁剪成相同范围的区域。

3）DEM 与 SAR 影像配准和裁剪

将 DEM 与选好的主影像进行配准，保证 DEM 范围裁剪成与主影像范围一致，分辨率相同。将 DEM 与主影像进行配准，配准精度应优于 0.5 个像元。依据配准关系式，计算生成 DEM 坐标系到 SAR 影像坐标系的转换查找表。依据转换查找表，利用多项式拟合算法，将 DEM 转换到 SAR 影像坐标系，生成影像坐标系下的 DEM。

4）干涉相位计算

对已配准主、辅影像进行前置滤波，并计算生成干涉图。在频率域，截取主、辅影像的公共频带进行前置滤波，生成滤波后的主、辅影像。对已经过前置滤波的主、辅影像像元对进行复共轭相乘，生成干涉相位值，逐像元计算生成干涉图。

5）平地与地形相位去除

依据空间基线参数和地球椭球体参数，计算平地相位；利用配准后的 DEM，计算地形相位。从干涉相位中去除平地和地形相位，生成差分干涉相位，逐像元计算生成差分干涉图。

6）差分干涉图滤波

采用自适应滤波方法，对干涉图差分相位滤波，得到相位缠绕的差分干涉图相干系数计算，依据相干系数计算公式，对经过滤波的主、辅影像差分干涉相位像元，选择窗口大小，逐像元计算相干系数，生成相干图。

7）相位解缠

对相位缠绕的差分干涉图进行解缠，首先采用空间域二维相位解缠方法，主要包括枝切法、最小费用流法等。在干涉图整体相干性较低时，采用基于不规则格网的最小费用流法，依据相干图对相干系数大于 0.4 的像元进行相位解缠。在干涉图整体相干性较高时，采用枝切法进行相位解缠。对于不连续的“孤岛”区域，采用手动连接方式设定枝切线，连接解缠区域。最后检查解缠结果质量：解缠后相位图的幅度值是否连续、有无跳变存在；无解缠结果区域是否为低相干区域；水体、阴影区、叠掩区等不合理地区是否在计算差分干涉步骤中被掩模，且不被计算。

8）地理编码

计算每一像元点在雷达视线方向上的形变量，经过从斜距到地距的转换，将雷达视线方向上的形变量投影到垂直水平坐标系内。为了和其他数据进行比较，还需将形变图进行地理编码，投影到地理坐标系中。

2.1.2 MT-InSAR 滑坡监测原理与技术流程

多时相合成孔径雷达干涉测量（MT-InSAR）技术是合成孔径雷达差分干涉测量技术的扩展，其主要目的是解决 D-InSAR 技术受到时间去相干、空间去相干和大气扰动的影响。MT-InSAR 技术是利用永久散射体目标或者分布式散射目标，如房屋、桥梁、铁路、混凝土、岩石等目标开展分析，这类地物目标在较长的时间内表现出很强的相位稳定性（Ferretti et al., 2000）。利用时间序列 SAR 数据，对于保持较好相位稳定性和信噪比的地物目标进行建模分析，利用信号处理手段和参数求解方法，提取形变信息和大气信息，大大提高滑坡体形变探测精度和可靠性（Ferretti et al., 2011）。

1. MT-InSAR 地表形变监测原理

MT-InSAR 技术通过处理覆盖同一地区的多个时间上的 SAR 影像，统计 SAR 影像的幅度信息和相位信息，并分析其在时间序列上的稳定性，探测识别出不受时间和空间基线影响的高相干性的稳定目标点，这些目标点能够在较长的时间内保持稳定的散射特性，几乎不受斑点噪声的影响。均匀分布的稳定散射目标是 MT-InSAR 技术的重点研究对象，该方法用 N 幅 SAR 影像，获得 $N-1$ 个干涉图。由于 PS（永久散射体）也是图像上的像素，故稳定散射目标的相位组成和差分干涉处理得到的像素的相位组成一致，首先对每一幅差分干涉图进行去平和去地形相位处理，最后得到的第 i 幅差分干涉图的相位组成为

$$\Delta\phi^{i}=\phi_{\text{def}}^{i}+\phi_{\text{topo\_e}}^{i}+\phi_{\text{atm}}^{i}+\phi_{\text{noise}}^{i} \tag{2.5}$$

式中，ϕ_{atm}^{i}为大气延迟相位在较小的研究区域可表示为线性模型；ϕ_{noise}^{i}为噪声相位在影像上表现为低频信号，具有线性特征，可包含在大气相位中；$\phi_{\text{topo_e}}^{i}$为高程相位，这里形变相位 ϕ_{def}^{i}分为线性和非线性两部分形变。因此式（2.5）可表示为

$$\Delta\varphi=\frac{4\pi}{\lambda}T\Delta v+\frac{4\pi}{\lambda}\frac{B_{\perp}}{r\sin\theta}\Delta h+(\varphi_{\text{non-linear}}+\varphi_{\text{atm}}+\varphi_{\text{noise}}) \tag{2.6}$$

式中，$\Delta\varphi$ 为差分干涉相位；$\varphi_{\text{non-linear}}$为非线性形变量；$\Delta v$ 为地表形变速率；Δh 为高程改正值；$B_{\perp}$ 为垂直基线；θ 为主影像入射角；$\frac{4\pi}{\lambda}\frac{B_{\perp}}{r\sin\theta}\Delta h$ 为高程误差相位 $\phi_{\text{topo\_e}}$；T 为时间长度；λ 为雷达信号波长式；r 为传感器到地面的距离。

MT-InSAR 技术在处理中首先解算大气相位屏（atmospheric phase screen，APS），并从 $\Delta\phi$ 中去除 APS，通过参数迭代和滤波处理得到稳定可靠的稳定散射目标点上的形变速率 Δv 和高程相对差值，并再次对稳定散射目标处理反演得到形变信息（Adam et al., 2004）。

2. MT-InSAR 地表形变监测技术流程

MT-InSAR 处理的基本步骤主要包括：差分干涉相位图生成；分布式散射体候选点选择；形变和高程误差的估计；大气相位校正；DS（分布式散射体）点上形变和高程误差的重估计。在分布式散射体处理流程中，通过解算方程组获取对研究区域的形变和 DEM 误差的估计。如图 2.3 所示，多时相合成孔径雷达干涉测量（MT-InSAR）技术的流程如下：

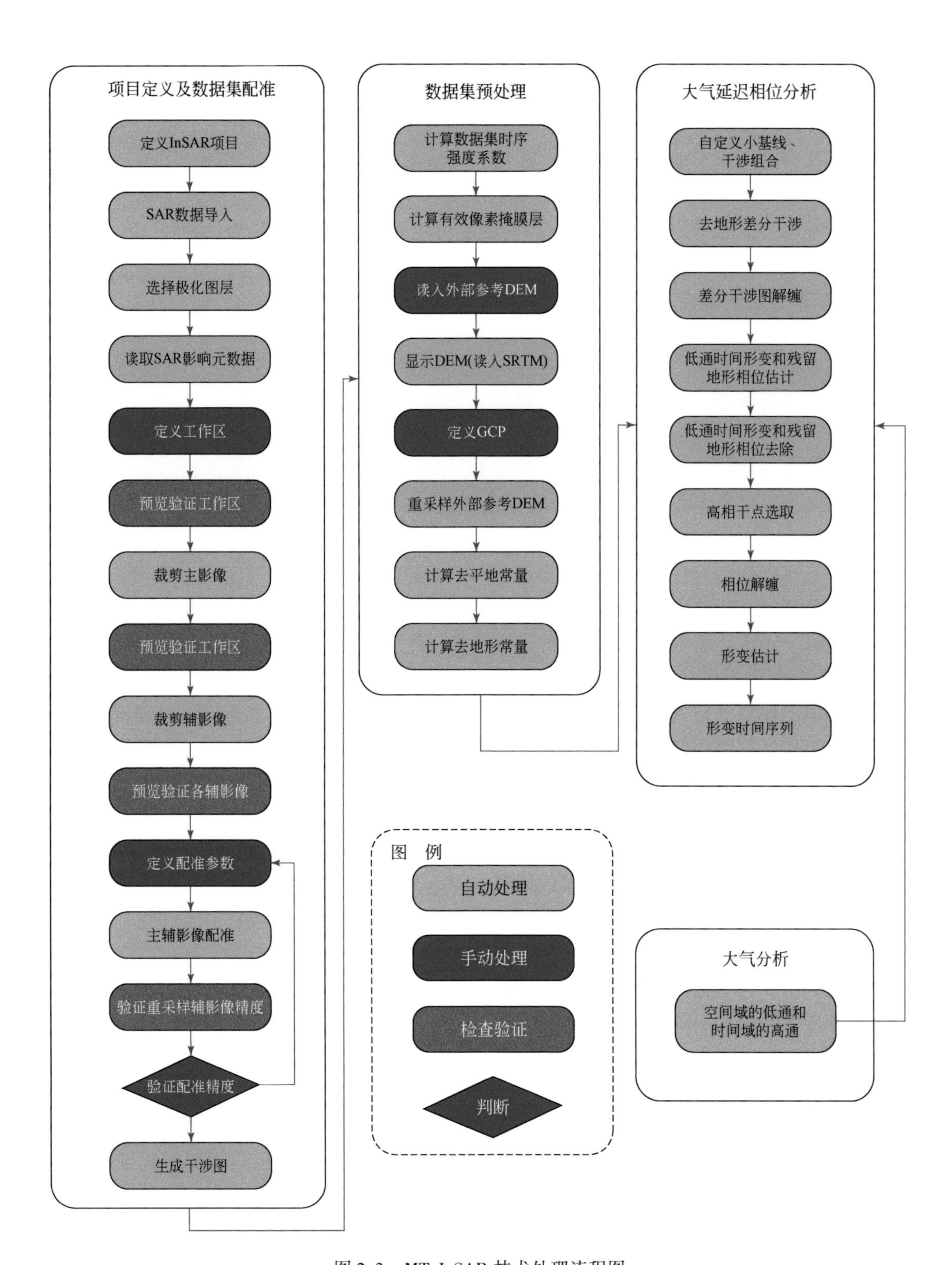

图 2.3　MT-InSAR 技术处理流程图

1）差分干涉相位图生成

首先对给定的 $N+1$ 景 SAR 影像中构成干涉组合网络，根据传统的小基线集方法，在常规的时间基线、空间基线的垂直分量和多普勒质心频率差三个相干性影响因子的基础上，增加了时间基线的季节性变化、降水量两个影响因子，用于预估干涉对的相干性；然后根据计算得到的相干矩阵，选取具有高相干性的像对参与后续的时间序列形变反演。将构成干涉组合网络的干涉像对根据合成孔径雷达干涉测量处理方法生成若干幅干涉相位图。利用外部 DEM 或者相干性较好的若干干涉对生成的 DEM，消除地形相位，生成差分干涉相位图。

2）选择稳定散射体候选点

挑选具有稳定散射特性的地面目标作为稳定散射体候选点，包括永久散射体（PS）和分布式散射体（DS），DS 点目标机制的特点涉及分辨率单元内所有较小散射体的相干累加，这些散射体中没有一个的散射特性是占据统治地位的。从而改进了传统的 PS 点数目选取十分有限，导致观测结果不能客观反映研究区域整体变化的缺点。直接利用 SAR 干涉相位图来选择相位稳定的散射点误差较大，而幅度离散度与相位发散程度有一定的关系，在幅度离散度小于 0.25 时，可以利用幅度离散度来估计相位发散的程度。为了对同一地面目标点在不同 SAR 影像上的幅度值进行比较，需要将各影像进行辐射校正。逐个像元地进行幅度值的分析，计算每个像元的幅度平均值和标准偏差的比值，并选取合适的评价指标和阈值，筛选出分布式散射体候选点。这种方法受影像数量的影响较大，在影像数量较少时，不能正确地对幅度稳定性进行统计，产生较大的误差。

3）形变和高程误差的估计

在选出的稳定散射体点上，差分干涉相位可以表示成形变相位、高程误差相位、轨道误差相位、大气扰动相位和噪声相位之和。假定地表形变以线性形变为主，而高程误差相位与高程误差呈线性关系。但是由于此时每个稳定散射体点上的差分干涉相位为缠绕相位，且在不同的差分干涉图上存在着相位漂移，无法直接解算每个稳定散射体点上的方程，计算出线性形变速度和 DEM 误差。此时需要构建 Delaunay 三角网连接稳定散射体点，建立相邻稳定散射体点之间的差分相位模型，降低非线性形变和大气扰动相位的影响。对于每一对相邻的稳定散射体点，可以得到若干个方程，构成一个非线性的方程组，可以通过周期图等方法来搜索方程组的解——相邻稳定散射体点之间的线性形变速度差和 DEM 误差的差异，并计算整体相关系数，采用相位解缠算法得到离散网格中每个稳定散射体点上的线性形变速度和 DEM 误差。

4）大气相位校正

在估计出每个稳定散射体点上的线性形变速度和 DEM 误差并移除这部分相位之后，剩余的相位由非线性形变相位、大气扰动相位和噪声相位组成，其中大气扰动相位和非线性形变相位在时间域和空间域具有不同的分布特征：非线性形变在空间域的相关长度较小，而在时间域具有低频特征；大气扰动在空间域的相关长度较大，在时间域呈现随机分布，可以理解为一个白噪声过程。因而大气相位可以根据其在时间域的高通和空间域的低通特性，在每个稳定散射体点上使用三角窗滤波器对时间域进行滤波，提取时间域的高频成分，在每个干涉对上对空间域进行滤波，提取空间域的低频成分，从而得到稳定散射体点上的大气扰动相位。利用Kriging（克里金）插值方法来估算所有干涉对上所有的像素点上的大气扰动相位，并将计算出来的大气相位从差分干涉相位图中移除。

5）稳定散射体点上形变和高程误差的重估计

在移除大气扰动相位之后，利用整体相关系数来选择分布式散射体，保留整体相干系数大于一定阈值的稳定散射体点，在保留下来的稳定散射体点上重新建立方程组计算出线性形变速度和DEM误差，通过Kriging插值得到形变时间序列图。

2.1.3 D-InSAR技术与MT-InSAR技术比较

与D-InSAR技术相比，用MT-InSAR技术开展滑坡地表形变监测主要有以下四个优点。

（1）D-InSAR技术是对整幅影像进行处理，所有像元都参与计算，MT-InSAR技术是面向监测区域的部分点目标进行处理。在比较长的时间尺度下，D-InSAR技术多景观测的计算量远远大于MT-InSAR技术。另外，在相关性方面，D-InSAR技术是面向监测区所有像元，保持整体相干性的困难性远大于MT-InSAR技术。

（2）对于MT-InSAR技术，可以利用监测区域的所有影像，无须考虑空间基线和时间基线的大小。但是对于D-InSAR技术，空间基线和时间基线是必须考虑的因素，一般需要选择短基线进行干涉处理，特别是对于贵州省的植被茂密地区，较长的时间间隔会导致相位严重的失相干，从而无法获得可靠的干涉结果。

（3）PS技术对大气延迟有较好的估计，可以通过滤波的手段分离出大气延迟，很大程度上解决了大气延迟的问题。D-InSAR技术无法有效估计大气延迟，会影响最后结果。

（4）MT-InSAR技术对DEM精度要求较低，由于在后续处理中可以对监测区域的DEM计算高程修正值，从而实现对区域的DEM修正，增加DEM精度。D-InSAR技术非常依赖DEM的精度，尤其对于两轨法而言，DEM的精度对最后结果有很大影响。

综上所述，MT-InSAR技术相比于D-InSAR技术有着巨大优势，但MT-InSAR技术需要长时序重复观测，对于重复观测较少的情况仍需使用D-InSAR技术。

2.2 技术难点及改进方法

2.2.1 技术难点

MT-InSAR的数据处理对于滑坡地表形变监测尤为重要（孙倩等，2019），特别是相干点选取、参数估计和大气改正的处理水平直接决定了滑坡地表形变的监测精度。在利用InSAR相关技术开展西南山区滑坡监测时，由于地形起伏大、植被茂密、多云多雨气候条件等因素影响，InSAR相关技术的应用受到了较大的挑战，主要问题集中在以下三个方面：时间失相干、地形影响和大气延迟。

1. 时间失相干

InSAR 干涉相位的质量决定了最终参数的反演质量，而干涉相位的质量取决于 SAR 影像的质量。失相干是影响 InSAR 干涉图和形变监测质量的主要误差源（Strozzi et al., 2017），决定了应用 MT-InSAR 来监测滑坡体变形的能力。时间失相干和空间失相干对于 InSAR 技术而言是很重要的失相干源（李进田等，2018），其中 SAR 卫星在重复轨道飞行时产生的空间位置差异导致的失相干现象称为空间失相干；而在卫星的重访周期内地表物体的散射特性发生变化导致的失相干现象称为时间失相干。随着卫星控轨技术的不断提高，以及在形变监测时尽量挑选基线较短的影像组成干涉对，空间失相关问题已得到了较好解决。对于西南山区，植被覆盖茂密，不同成像时间的后向散射（back scattering）机制随地物物理及化学特性的变化而变化（如植物的生长、含水量等变化），从而导致两次成像之间的地物状态难以保证一致，因此监测区植被茂密导致的时间失相干影响是制约监测精度的重要问题。

2. 地形影响

本书选择的研究区（贵州省毕节市）以高原山地为主，平均海拔在 1100m 左右，是一个海拔较高、纬度较低、喀斯特地貌典型发育的山区。较大的地形起伏会给 MT-InSAR 滑坡监测带来两个方面的问题：一方面是增加了 SAR 成像过程中的叠掩、阴影效应，使得处于叠掩、阴影区的坡体上的变形无法被观测到；另一方面是在地形起伏大的区域，输入的 DEM 误差会相对较大（Grohmann，2018），只有有效地消除用于初始 DEM 的误差之后才能准确估计滑坡体上的变形。

3. 大气延迟

研究区温暖湿润，属亚热带湿润季风气候，受大气环流及地形等影响，贵州气候呈多样性，“一山分四季，十里不同天”。这种多变的气候使得星载雷达系统发射的微波信号在穿过大气层到达地面目标的过程中，非均匀的大气会对雷达信号的传播产生影响，这种影响表现为大气相位延迟。

大气延迟是影响干涉相位精度的最重要的因素之一。通常极轨 SAR 卫星飞行高度一般在 500 ~ 800km，SAR 电磁波传播需要经过电离层（地表以上 70 ~ 500km 的气层）和对流层（地表到 8 ~ 18km 的气层），从而受到电离层和对流层的影响。在电离层中电离大气的散射效应引起电磁波的传播发生延迟；同时由于电离层电子总含量（total electron content，TEC）的变化，电磁波的传播路径发生了改变。在对流层中，大气的温度、气压和湿度都是随高度改变的，使大气表现为一种分层介质，造成大气的折射率随高度变化，而使电磁波的传播路径发生变化；另外，电磁波受到云、降雨和悬浮颗粒等液体和固体颗粒的折曲、吸收、反射和散射作用，也会导致信号传播延迟和路径弯曲（Doin et al., 2009）。

对流层延迟分为湍流大气延迟和垂直分层大气延迟，大气湍流是一个随机变化量，它使大气折射率表现出空间上的异质，从而引起局部相位梯度。地球大气剖面在广泛的垂直尺度上表现出不同程度的分层，这种分层可能受到对流层湍流的严重干扰。对流层的垂直分层延迟由折射率沿垂直方向的变化引起。将大气看成由无数个水平薄层沿垂直方向组成，每一层的折射率相同，那么在平坦地区对于两幅 SAR 影像间不同的折射剖面并不存在水平方向上的延迟差异。这是因为 D-InSAR 干涉图对影像的整体相位偏移并不敏感。但在地形起伏较大的地区，垂直折射剖面的差异将引起不同高度的任意两个分辨单元的相位延迟差。在本研究区，大气延迟会极大地影响滑坡体变形测量的精度，特别是采用两轨法进行 D-InSAR 处理时，大气延迟极易导致失相干，因而必须采用合理的方法对大气延迟进行估计和改正。

2.2.2　方法改进

1. 多时相、多波段、多视角协同滑坡地表形变监测方法

不同卫星传感器波长不同，具有不同的抗失相干能力，将多源传感器数据进行联合解算以便增加观测数，同时提高时间分辨率是实现低相干区域 InSAR 形变监测的主流方法。目前在轨运行的 SAR 卫星共有 X、C、L 3 个波段：L 波段波长为 23.5cm；C 波段波长为 5.6cm；X 波段波长为 3.1cm。西南山区多云多雨，大气层中水汽含量较大，会造成雷达电磁波在大气层中传播过程中的路径延迟，两次观测中的大气延迟的差异会影响形变监测的精度。大气延迟与雷达波长成反比，即波长越长则大气延迟的影响越小，故而 X 波段数据受大气延迟影响最严重，C 波段数据其次，L 波段受到的大气延迟影响要相对小很多。同时，西南山区植被茂密，雷达波长越长对植被的穿透能力也就越强，L 波段数据的回波主要来自植被的茎秆层，而 X、C 波段数据的回波主要来自植被的叶片层，因为叶片层相对于茎秆层更加容易随时间发生变化，所以 L 波段数据在植被覆盖茂密的区域能够在较长时间保持较高的相干性，C 波段其次，X 波段最弱。因此，L 波段和 C 波段数据比 X 波段数据具有更高的相干性，适宜于长期地表形变监测（Liu et al., 2018），本次研究选用 L 波段和 C 波段协同监测的方式。本书后续章节将给出 X、C、L 波段在西南山区相干性的详细对比试验。

目前主流的 L 波段和 C 波段雷达遥感商业卫星主要有 ALOS-2 POLSAR（L 波段）、RADARSAT-2（C 波段）、Sentinel-1A（C 波段）等，这些卫星的入射角、重访周期、工作波段也不尽相同。因此，在应用研究中，需要针对监测区域气候和植被覆盖特点，综合考虑地表形变监测的经济性和实效性，兼顾性价比选择合适波长的卫星数据和监测周期。

1）利用 ALOS-2 POLSAR（L 波段）开展雨季集中监测

ALOS-2 是 L 波段 SAR 卫星，波长 23.6cm，波长相对较长，使得其在贵州这样的多云多雨且植被覆盖茂密的地区有着非常明显的优势。但利用 ALOS-2 开展西南山区滑坡地表形变监测也存在两个方面的不足：一是 ALOS-2 卫星与大多数商业遥感卫星任务背景不同，日本宇宙航空研究开发机构（JAXA）将基本拍摄计划作为 ALOS-2 一项最高级别的前景任务，基本拍摄计划对 ALOS-2 卫星多种成像模式按照不同季节、不同频次、不同区域进行自主成像（Rosenqvist et al., 2014）。基本拍摄计划满足了相关机构在全球大范围地表调查和灾害监测方面的存档数据需求，但占用卫星轨道和资源，影响商业编程订单的实现率，造成部分地区无法提高拍摄频次，覆盖期数较少，对于贵州省毕节市编程数据一年最多重访 6 次，无法实现高频监测。二是空间分辨率为 3m 的 ALOS-2 卫星数据，幅宽 55km×70km，如图 2.4 所示，由于其幅宽限制，需要 20 景数据才能全覆盖全毕节市一次，长期开展大范围地表形变监测成本过高。

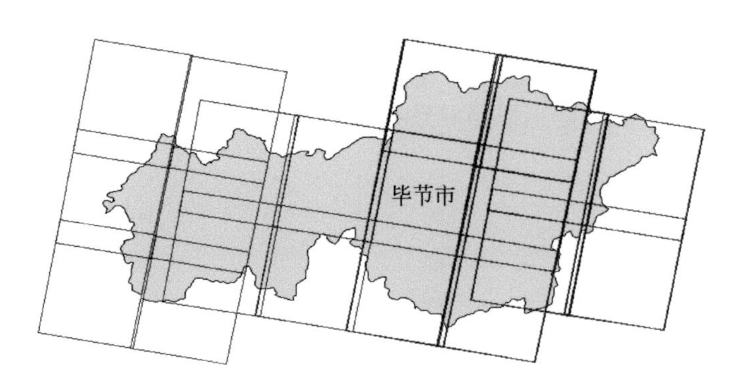

图 2.4　毕节市 ALOS-2 升轨模式数据覆盖示意图

考虑到西南地区的滑坡多受降水诱发，研究区 5～10 月降雨量较大，因此在该时段集中采集两期全覆盖的 ALOS-2 POLSAR（L 波段）3m 雷达数据，采用 D-InSAR 处理方法，用于监测雨季高植被覆盖区突发性地表形变，识别滑坡早期信号。

2）利用 RADARSAT-2（C 波段）升轨数据开展长时序监测

RADARSAT-2 是 C 波段 SAR 卫星，波长 5.6cm，采用超宽精细模式，空间分辨率为 5m，幅宽 125km×125km，重访周期 24 天，每月获取一次，保证监测数据的相干性和持续性。如图 2.5 所示，升轨模式数据 5 景即可全覆盖研究区，性价比较高。且 RADARSAT-2 在轨运行长，历史存档数据较多，易采用 MT-InSAR 技术开展长时序监测性。对于居民区、矿区等植被覆盖较少的区域，蠕动型滑坡极易造成建筑物的开裂甚至发生失稳滑坡，因此利用高分辨率 RADARSAT-2 基于 MT-InSAR 技术开展长时序动态监测，可为区域蠕动型滑坡风险预测提供可靠依据。

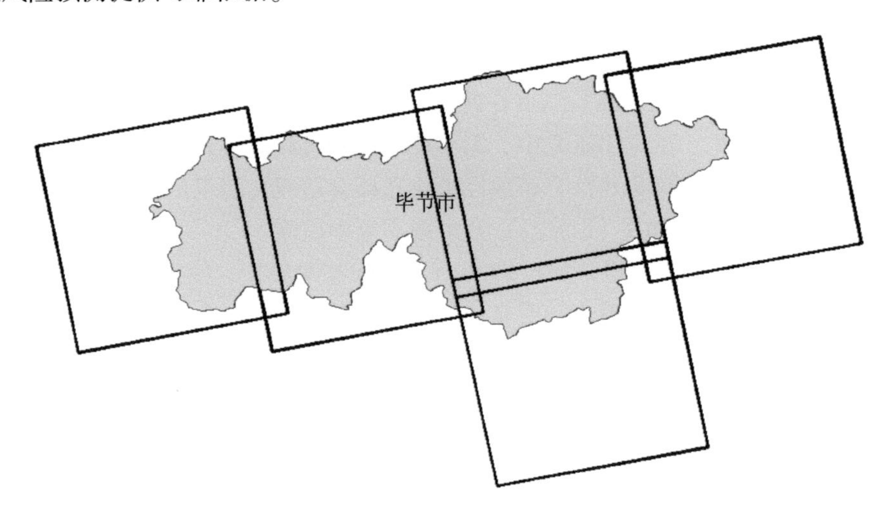

图 2.5　毕节市 RADARSAT-2 升轨模式数据覆盖示意图

3）利用 Sentinel-1 A（C 波段）降轨数据提高几何可见性

SAR 侧视几何造成的叠掩、阴影区，能够通过升降轨 SAR 数据组合被观测到。Sentinel-1 是 C 波段 SAR 卫星，波长 5.6cm，分辨率为 20m，幅宽 250km×250km，重访周期12天，且Sentinel-1数据可免费下载，因此在本书的研究中，采用降轨Sentinel-1数据和升轨RADARSAT-2联合观测的方式，来提高整个研究区的雷达几何可见性。利用Herrera等（2013）提出的R-indexes系数结合地貌特征与SAR卫星系统观测几何特性来评价本书采用SAR卫星组合观测研究区域滑坡的能力，R-indexes系数小于0.3的区域表示无法采用组合数据观测到滑坡变形的区域，如图2.6所示，采用升轨RADARSAT-2和降轨Sentinel-1组合SAR数据观测，可观测到研究区83.2%的区域，有效减少地表形变监测盲区。

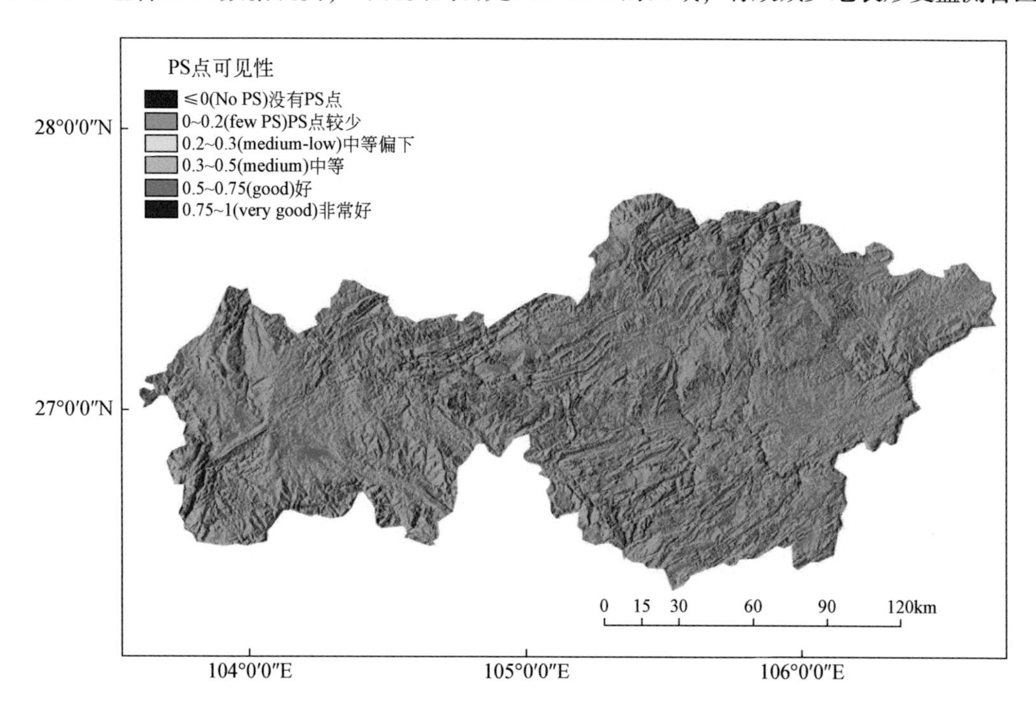

图2.6 研究区R-indexes系数图

综上所述，多波段协同监测方式，能够发挥各种SAR卫星的优势，充分考虑了滑坡蠕动、滑动、剧滑三个阶段的特点（孔纪名，2004），通过混合数据提高数据采集的时间密度，同时兼顾了经济性和实效性，从而进一步提高了西南山区InSAR滑坡地表形变监测的能力。

2. 大气延迟校正

计算大气延迟值的方法主要有基于多光谱遥感水汽产品的方法（MODIS产品、MERIS产品）、基于数值天气模型（ERA-1模型、WRF模型）的方法、地面直接测量方法（GPS测量、无线电探空仪）等。因为基于多光谱遥感水汽产品的方法存在时间同步的问题，而地面直接测量方法需要事先部署高空间密度的仪器设备，所以本书采用基于数值天气模型的方法开展研究区域的大气延迟校正。

对流层大气参数通常又分为湿大气参数（指大气中水汽分气压）和干大气参数（即静力大气参数，包括干大气压和温度）。对流层中大气延迟与大气折射率密切相关。大气折射率在水平和垂向的各向异性受水汽、气压、温度和液态水的空间分布的影响（Doin et al.，2009）公式如下：

$$N = k_1 \frac{P_d}{T} + \left(k_2 \frac{e}{T} + k_3 \frac{e}{T^2}\right) + k_4 W \tag{2.7}$$

式中，P_d 为干大气压，hPa；T 为大气温度，℉；e 为水汽分气压，hPa；W 为液态水含量，g/m^3；k_1、k_2、k_3、k_4均为常数。

不考虑由液态水引起的大气延迟，天顶对流层总延迟（zenith total delay，ZTD）是将大气折射率由地表积分到对流层顶层得到：

$$L = 10^{-6}\left[\frac{k_1 P_d}{g_m} P(z_0) + \int_{z_0}^{z} [\left(k_2 - \frac{R_d}{R_v} k_1\right) \frac{e}{T} + k_3 \frac{e}{T_2}] \mathrm{d}z\right] \tag{2.8}$$

式中，R_d、R_v 分别为特定的干空气、水汽常数；g_m 为重力加速度在对流层中的均值；P 为气压，P_d 为特定高度的气压；z_0 和 z 分别为地表和对流层顶层高度。

由式（2.8）可以得到在某一高度的视线向单程延迟：

$$\begin{aligned} \delta L_{\mathrm{LOS}}^{s}(z) &= L_{\mathrm{LOS}}^{s}(z) - L_{\mathrm{LOS}}^{s}(z_{\mathrm{ref}}) \\ &= \frac{10^{-6}}{\cos\theta} \frac{k_1 R_d}{g_m} (P(z) - P(z_{\mathrm{ref}})) + \int_{z_{\mathrm{ref}}}^{z} ((k_2 - \frac{R_d}{R_v} k_1) \frac{e}{T} + k_3 \frac{e}{T^2}) \mathrm{d}z) \end{aligned} \tag{2.9}$$

式中，θ 为局部入射角；z_{ref}为 SAR 影响区域的平均高程；LOS 为卫星视线方向；g_m为高度 z 和 z_{ref}之间的重力加速度加权均值。式（2.9）等号右边第一项表示天顶干延迟（zenitn hydrostatic delay，ZHD），即静力延迟；第二项表示天顶湿延迟（zenitn wet delay，ZWD）；第三项表示液态水延迟（liquid delay）。传统上大气参数监测主要通过地基气象观测站，比如无线电探空仪可以观测包括气压、温度、湿度、风力和风向等垂向上的大气参数廓线。当前空基的卫星被动遥感系统也被广泛使用，如微波辐射计或热红外传感器等。通常情况下，静力延迟参数很大程度上是在垂向分层，引起的延迟量与高度相关，该延迟在空间上的变化不会在 SAR 干涉图中产生剧烈的局部相位梯度，它们的影响在整幅干涉图中一般表现为较小的幅度，较均匀地分布，一般与轨道误差的影响难以区分。对流层中的湿延迟在总体大气延迟中占有主导地位。天顶静力延迟在天顶方向上一般大小为 2.3m，对地面气压测量误差的敏感度为 2.3mm/hPa，因此当地面气压测量精度优于 0.4hPa 时，天顶静力延迟的计算精度能达到 1mm，通常地面气压测量精度优于 0.2hPa，所以天顶静力延迟的计算精度优于 1mm。在极端的条件下，如有暴风雨以及严重的大气湍流，气压保持在 1000mbar① 时，该误差可以达到 20mm 以上。一般地，当一幅 SAR 影像的覆盖范围为 100km×100km 时，地表气压随空间变化常常小于 1hPa，且地表气压随时间变化非常缓慢。因此，干延迟在时间域内比较稳定，在空间域内有大尺度变化的特性，干延迟远大于湿延迟（3m>30cm），但是大气湿延迟变化远远大于干延迟变化。

天顶湿延迟 ZWD 对干涉图的影响为

$$\sigma_{\phi} = \frac{4\sqrt{2\pi}}{\lambda} \frac{1}{\cos\theta} \sigma_{\mathrm{ZWD}} \tag{2.10}$$

当 ZWD 为 10mm，波长为 22cm 时，入射角对相位延迟的影响如图 2.7 所示。

① $1\mathrm{bar} = 10^5 \mathrm{Pa}$

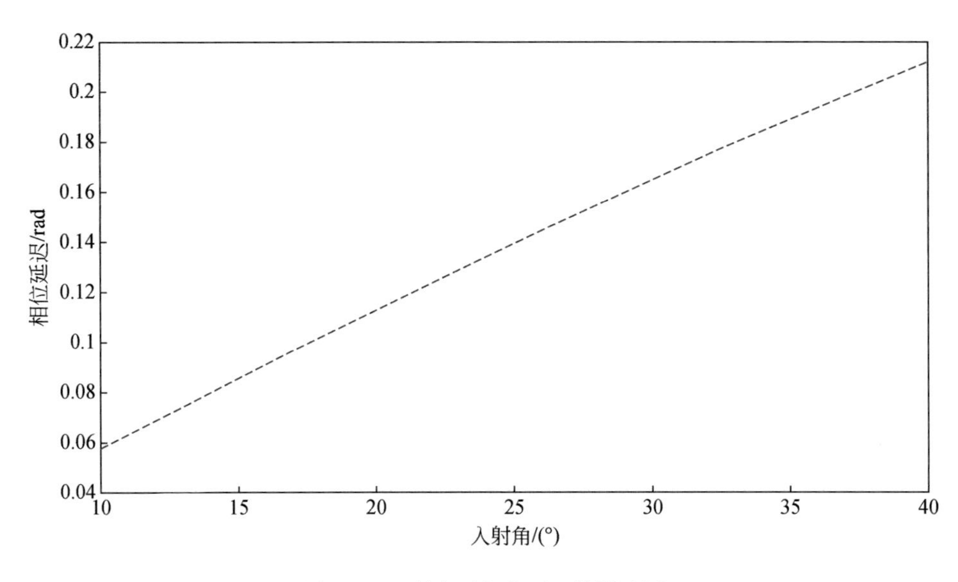

图 2.7　入射角对相位延迟的影响图

当 ZWD 为 10mm，入射角为 30°时，波长对相位延迟的影响如图 2.8 所示。

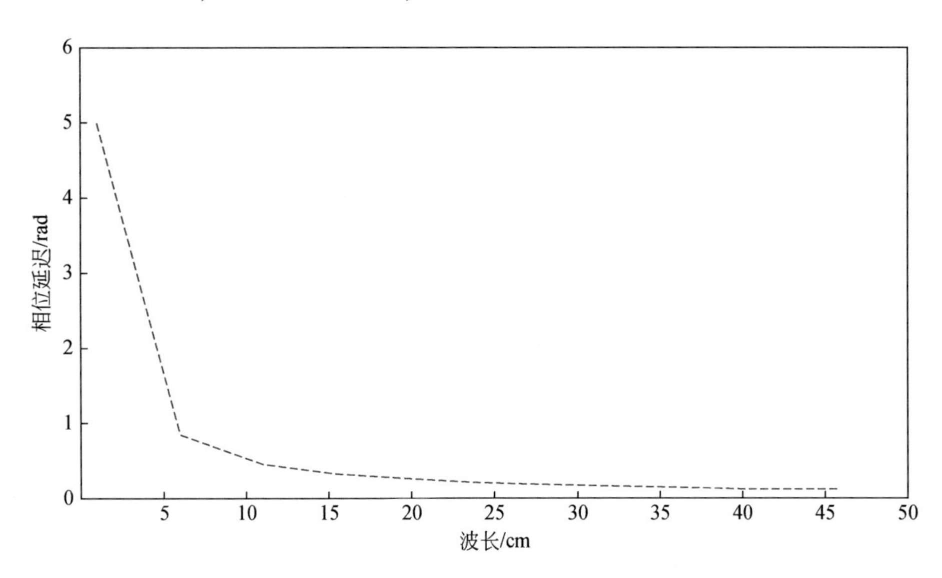

图 2.8　波长对相位延迟的影响图

对于 L 波段 SAR 卫星数据而言，雷达波长 λ 为 23.6cm，入射角 θ 的范围为 20°～30°，10mm 的 ZWD 误差可以引起干涉图 0.16～0.23 个相位延迟。

根据 D-InSAR 反演形变的原理，视线向形变误差 $\sigma_{\Delta\rho}$ 和相位误差 σ_{ϕ} 的关系可表示为

$$\sigma_{\Delta\rho}=\frac{\lambda}{4\pi}\sigma_{\phi} \tag{2.11}$$

式中，$\sigma_{\Delta\rho}$ 为大气延迟引起的形变量误差。由式（2.11）可以看出，在两轨法 D-InSAR 中，对流层湿延迟误差对形变量的影响与基线无关。

对于双 L-SAR 卫星而言，雷达波长 λ 为 22cm，形变误差和相位误差呈线性关系，如图 2.9 所示。

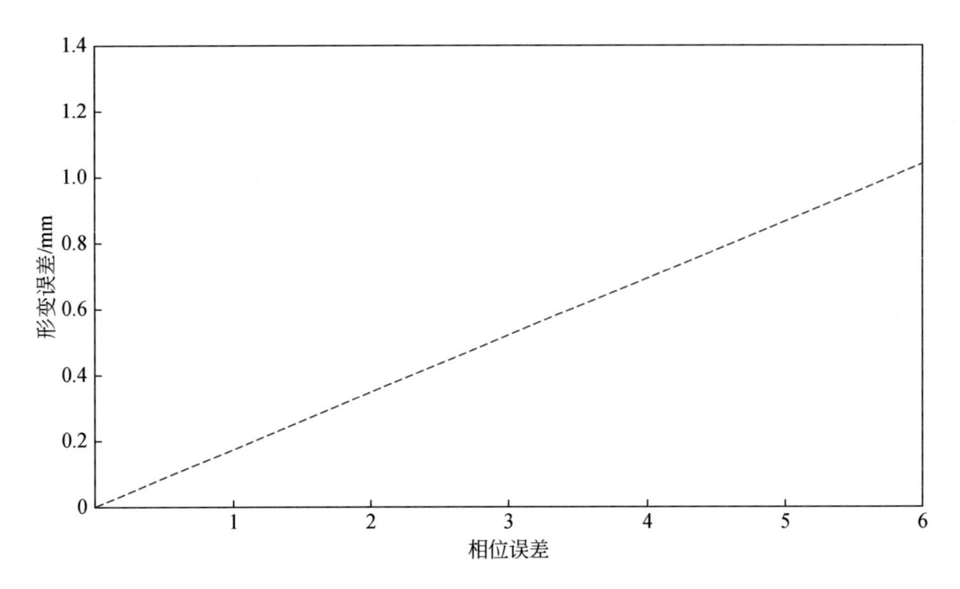

图 2.9　形变误差和相位误差的关系

由式（2.12）可以得到视线向形变误差和 ZWD 误差的关系：

$$\sigma_{\Delta\varphi}=\frac{\sqrt{2}}{\cos\theta}\sigma_{\mathrm{ZWD}} \tag{2.12}$$

当 ZWD 误差为 10mm 时，入射角变化对视线向形变误差的影响如图 2.10 所示。

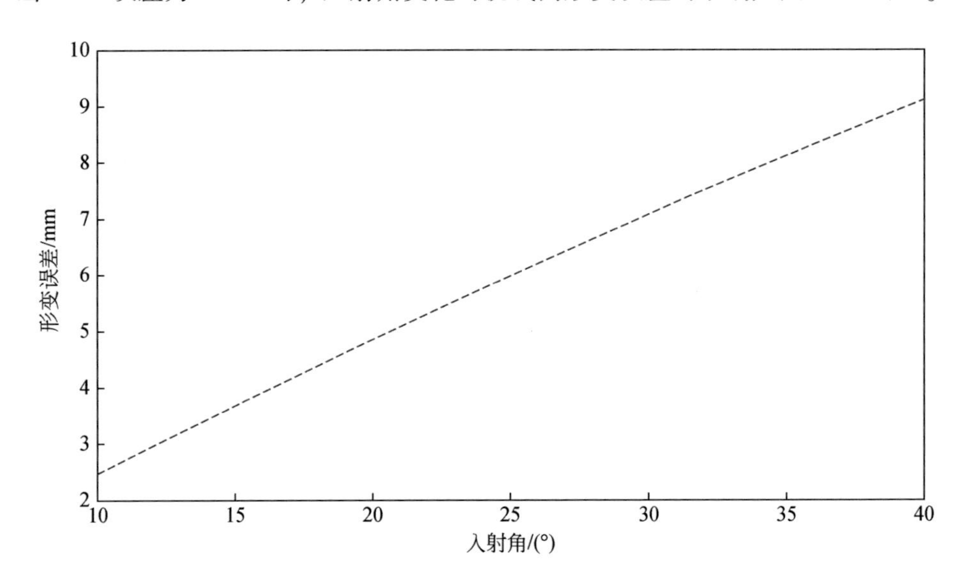

图 2.10　入射角变化对视线向形变误差的影响图

对于 L 波段 SAR 卫星数据而言，入射角 θ 范围为 20°～30°，10mm 的 ZWD 误差引起的形变误差为 4.8 ~7.1mm。

考虑到对流层大气的分层效应和湍流效应，对重复轨道 InSAR 大气延迟校正，本书采用改进的迭代分解差值（improved iterative decomposition，IID）模型来生成大气延迟图。

重复轨道干涉测量反演地表形变中所包含的大气延迟需要通过产生干涉图的两幅 SAR 图像进行内插逐点对应，内插对应点的 ZTD 差可以表示为

$$\Delta L = S(h) + T(x) + \varepsilon \tag{2.13}$$

式中，$S(h)$ 为分层延迟部分；$T(x)$ 为湍流延迟部分；ε 为残余延迟部分。

$$S(h) = L_0 \exp\{-\beta(h-h_{\min})/(h_{\max}-h_{\min})\} \tag{2.14}$$

式中，h 为某点的高程；$h_{\min}$为最小高程值；$h_{\max}$为最大高程值；L_0、β 为通过从一组覆盖区域 GPS 站点的相对 ZTD 回归考虑估计的指数系数。

改进的迭代分解插值模型的核心部分就是迭代函数［式（2.14）］寻找最佳参数 L_0、β 值，由此可以计算分层延迟量，湍流延迟部分 $T(x)$ 就通过水平内插，从总延迟中去掉。第一次迭代时，假设 $T(x)$ 为 0，第一次计算得到参数 L_0、β 值，通过利用反距离加权插值（IDW）法计算得到 ε，从而得到 $T(x)$，再减掉 ε 和 $T(x)$ 得到新的 $S(h)$。通过多次迭代直到获得该研究区域内的稳定的参数值 L_0、β。

通过参数值 L_0、β，就可以获得插值和研究区域内不同高度的分层延迟分量，根据 GPS 站点数据可以计算湍流延迟分量和残余延迟分量。对于湍流延迟部分的插值，考虑到样条或双线性内插方法适用于大面积范围内逐渐变化的情况，但不适合在较短的水平距离内发生较大变化，这使得它们不适合极端的天气条件，因此也采用了 IDW 的插值方式。

最后将改进的迭代分解差值模型插值计算得到的大气延迟 ZTD，根据卫星入射角等参数将天顶向大气延迟转为到 SAR 卫星视线向（LOS 向）大气延迟 d_{LOS}。

3. 分布式目标干涉测量滑坡变形监测技术

开展地形复杂多变山区、植被覆盖茂密的滑坡体变形监测，需要有针对性地建立分布式目标滑坡体长时间序列形变分析技术。分布式散射体对应于 SAR 图像中分布在一组像素上的均匀区域（如牧场、灌木和裸地）。与传统 PSI 技术相比，DSI 技术显著增加了点目标密度，特别是在植被稀疏的地区中，克服了永久散射体点少的不足，观测点的数量大大增加。DSI 技术无疑是开展区域范围内滑坡监测的有效技术手段。

本书分析了滑坡体上分布式散射体的散射特性，发展带秩 M 估计方法（rank M-estimator）剔除非高斯分布散射目标和非平稳态散射目标的影响，提高同质目标检测的有效性；利用周期图解算分布式散射体在方位向和距离向上的地形坡度，移除残余地形相位——减少相位噪声；通过最大似然估计（MLE）分布式散射体上的干涉相位序列，发展保持原始 SAR 影像分辨率的自适应滤波算法，以提高滑坡体干涉条纹图质量，建立分布式散射体干涉测量滑坡体长时间序列形变分析方法。

1）同质像元识别及自适应空间滤波

根据干涉图空间基线和时间基线，对采集的 N 幅图像（$M \gg N$）进行图像配准并生成 M 幅干涉图的冗余网络。本书生成了 RADARSAT-2 干涉图，最大时间基线为 120 天，在利用外部 DEM 去除地形相关相位后，利用振幅离散指数和光谱特征在干涉图中选择 PS 候

选点。另外，用 Anderson- Darling（AD）检验来鉴别统计上的同质像素（statically homogenous pixels，SHP）。假设大于 20SHP 的像素是 DS 候选像素。采用相干加权相位连接法对 DS 检测前的相位进行优化。

分布式目标后向散射能量相对永久散射体目标较低，且通常在 SAR 图像上占据若干相邻的像素。这些相邻的像素的散射特性具有相同概率分布，通过对 SAR 幅度信息进行统计检验（statistic test）确认具有概率分布的统计匀质像素。通过对配准的 L 波段 HH 极化 SAR 幅值图像进行统计分析，检验两个像素的多时相后向散射系数值在统计上是否属于相同的分布，可以对每个像素周围的 SHP 进行识别。与其他测试方法相比，AD 检验已被证明是最有效的方法。AD 检验将更多的权重放在分布的尾部。分布的尾部起着重要的作用，这使得假设中的第二类误差率更低（Scholz and Stephens，1987）。对于配准且定标之后的 SAR 幅值图像，两个像素的采样值 p 和 q 的测试统计量可以定义为 $A_{p,q}^2$：

$$A_{p,q}^2 = \frac{N}{2} \sum_{x \in \{x_{p,i}, x_{q,i}\}} \frac{(\hat{F}_p(x) - \hat{F}_q(x))^2}{\hat{F}_{pq}(x)(1 - \hat{F}_{pq}(x))} \tag{2.15}$$

式中，$\hat{F}_p(x)$ 和 $\hat{F}_q(x)$ 为采样值 p 和 q 的经验累积分布函数；$\hat{F}_{pq}(x)$ 为两个样本集合分布的经验累积分布函数。Anderson 和 Darling（1952）给出了 $N \to \infty$ 时的渐近分布。

首先为每个像素 P 定义一个以 P 为中心的估计窗口。然后在每个中心像素 P 的估计窗口内的每个像素之间应用给定显著性水平下的双样本 GOF 检验。选择所有可以认为是同质像元的像素，放弃了没有通过其他 SHP 直接连接到 P 的统计同质像元的像素。最后利用与像素 P 连通的所有 SHPs 进行后处理，如干涉相位滤波和相干性估计。本书采用 11×11 的窗口逐像素确定分布式目标：

（1）对窗口内的所有像素逐一与窗口中心点进行 AD 检验，检验结果低于设定的阈值的像素作为窗口中心点位的 SHP 保留下来；

（2）去掉与窗口中心点空间不连通的 SHP，保证窗口中心点对应的 DS 区块的空间连通性；

（3）计算整个 DS 区块的相干性，如果整体相干性小于 0.3，则作为失相干区域而非 DS，失相干区域将不参与后向的干涉条纹计算。

在确定 DS 后，对 DS 的复相干数据进行空间自适应滤波计算分布式目标的干涉条纹和相干性。基于上述步骤中识别的 SHPs，可以采用空间自适应滤波来提高干涉图中条纹的可见性，提高信噪比（Goel and Adam，2013）。从第 j 幅 SAR 图像 $S_j(P)$ 和第 k 幅 SAR 图像 $S_k(P)$ 中估计像素点 P 的自适应滤波干涉图值为

$$I_{j,k}(P) = \frac{1}{|\Omega|} \sum_{P \in \Omega} S_j(P) S_k^*(P) \mathrm{e}^{-i\varphi_{\mathrm{ref}}} \tag{2.16}$$

式中，* 为共轭；Ω 为已识别的 SHP 集合；φ_{ref} 为参考相，包括平地相位和地形相位。采用 AD 检验提取分布式目标，然后对分布式目标进行空间自适应滤波，可以极大地保持 DS 的相干性，提高 PS 的相干性，同时减少 DS 干涉条纹中的噪声相位，使得独立的强散射目标的干涉信息得到很好保留，提高干涉条纹图的质量，非常适合于植被覆盖茂密山区的干涉处理。

2）MT-InSAR 滑坡体变形信息估算

将所选择的像素按边成对连接，计算每个边和 M 个干涉图的相位差。对于网络的每个边缘，通过区分两个对应像素的相位来计算相位差。然后，估计各边缘的差异地形变形和差异地形误差。最后，将这些差分值集成到所选像素的整个集合中。具体算法简述如下。

大气效应、非线性形变和可能出现的轨道误差要么在很大尺度上发生，要么仅在很小的振幅上发生，可以通过空间微分运算得到大大地缓解。在这个假设下，对于每个相位差，可以写为

$$\Delta\varepsilon^k = \Delta\phi_{\text{obs}}^k - \Delta\phi_{\text{m}}^k \tag{2.17}$$

$$\Delta\phi_{\text{m}}^k(\Delta h, \Delta v) = \frac{4\pi}{\lambda}\frac{B_\perp^k}{R^k\sin\theta}\Delta h + \frac{4\pi}{\lambda}\Delta T^k\Delta v \tag{2.18}$$

式中，下角 m 为 model 模型，k 为任意一个干涉对；$\Delta\phi_{\text{obs}}^k$ 为轨道误差；Δh 为高程改正量；Δv 为地表形变速率；R 为卫星到观测点的距离；$B_\perp$ 为垂直基线；ΔT 为观测时间差；θ 为入射角；λ 为波长；$\Delta\varepsilon^k$ 为与给定一个边 e 相关联的微分相位残差；$\Delta\phi_{\text{m}}^k$ 为模型微分相位，分别是与边 e 相关联的两个未知差分地形误差和变形速度。在实际计算中，这些边缘必须尽可能地短，以便最小化相位差中的近似效应。可以使用多种方法连接不规则点集，如 Delaunay 三角剖分。在本书中，为了保证更好的鲁棒性，采用像素之间的冗余连接（边）。

首先，利用 Delaunay 三角网构造网络骨架，最大化时间相干函数：

$$\gamma(e) = \left|\frac{1}{M}\sum_{k=1}^{M}\exp(j\Delta\varepsilon^k)\right| \tag{2.19}$$

式中，M 为干涉图个数；$\Delta\varepsilon^k$ 为与给定一个边 e 相关联的微分相位残差。

对于三角网的每条边，为求出最大值 $\max(\hat{\gamma})$ 的最大对应值 $\Delta\hat{h}$ 和 $\Delta\hat{v}$，采用周期图法。如果最大值 $\max(\hat{\gamma})$ 大于给定阈值，即 $T_\gamma = 0.6$，则保留这条边，否则拒绝这条边。利用这些接受的边估计得到的时间相干性来消除所有无用的孤立 PS 点。再次执行连续的 Delaunay 三角剖分以刷新长距离的空间边缘分布，并再次执行进一步的 $\Delta\hat{h}$ 和 $\Delta\hat{v}$ 估计，直到不存在孤立点。该方法保证了网络骨架上的任意点都具有至少一条高质量的边连接，然后通过将一定距离内的剩余点连接到骨架网络来增强网络的连通性。

其次，使用每个边上 $\Delta\hat{h}$ 和 $\Delta\hat{v}$ 的初步估计值来进行时间域上的相位解缠。完成相位解缠后，通过下面的方程，估计 $\Delta\hat{h}$ 和 $\Delta\hat{v}$ 的最终值：

$$\Delta\phi_{\text{unw}}^k = \frac{4\pi}{\lambda}\begin{bmatrix} \dfrac{B_\perp^1}{R^k\sin\theta} & \Delta T^1 & 1 \\ \cdots & \cdots & \cdots \\ \dfrac{B_\perp^M}{R^M\sin\theta} & \Delta T^M & 1 \end{bmatrix}\begin{bmatrix} \Delta h \\ \Delta v \\ r_{\text{off}} \end{bmatrix} \tag{2.20}$$

式中，r_{off}为可能的相位偏移。实际上，由于低质量图像或展开误差，展开相位可能包含异常值。为了减少可能出现的相位异常值的影响，我们使用迭代加权的最小二乘（least square，LS）法来估计最终参数。

最后，利用每条边上得到的结果可以重建选择的像元（DS/PS）上的形变速率和地形误差。这一步骤通过最小二乘平差来实现，将线速度和每个像素上的地形误差视为未知量，将估计的变形速度和地形误差视为观测值。积分仅涉及边上的相对变形速度和相对地形误差值，因此要选择一个参考点，即需要确定至少一个像素参考点的形变速度值。对于地形误差也必须这样做。这一阶段的结果是得到形变速率图和地形误差图，其值与选定的参考点有关，可用于计算每个 M 干涉图的相应相位分量。然后从原始干涉相位中减去这两个分量，得到一个干净的干涉相位，并在随后的处理阶段进行处理。在此基础上，根据相位噪声的时空上的差异，通过时空滤波，分离出噪声相位、非线性形变相位和大气相位。

为了将 MT-InSAR 得到的形变相位更好地利用到滑坡问题上，根据 Bardi 等（2014）提出的公式，可以将沿卫星视线 V_{LOS} 测量的形变速率重新投影到沿最陡斜坡方向 V_{slope} 的新速度。根据升轨的 RADARSAT-2 卫星数据，通过地面的几何结构和卫星的形态参数来计算 V_{slope}，在得到的形变速率图中，舍弃了对于滑坡影响较小的点。根据投影结果，在坡度小于5°的情况下，可视为平地，滑坡发生的概率很小，同样，形变速率为正的点位，即沿滑坡方向运动（即向上运动）被视为对于滑坡的产生并没有积极的作用，因此只投影了坡度大于5°的 PS/DS 点，丢弃了位移速度为正的 PS/DS 点。

2.3 实验和分析

接下来将通过实验分析来验证本书提出的 InSAR 滑坡地表形变监测改进方法的可行性。

2.3.1 不同波段 SAR 数据相干性实验分析

为研究不同波段在西南高植被覆盖山区的适用性，本书分别选取覆盖贵州省开阳县的 TerraSAR-X、ALOS-2 PALSAR、RADARSAT-2 三种卫星数据，通过 D-InSAR 处理分析其相干性的差异。

本书选取的 TerraSAR-X 数据获取于 2016 年 1 月 3 日和 1 月 14 日，HH 极化，地面分辨率为 3m，入射角为 33.3°，幅宽是 30km。两景影像构成的干涉对垂直基线为 154m，时间基线为 11 天。通过上述步骤进行两景差分处理分析，如图 2.11 所示，图像整体的相干性为 0.26，大部分的植被覆盖区域的相干性不足 0.1，干涉条纹图质量较差，对于干涉解译来说非常困难。

选取 2017 年 11 月 4 日和 2018 年 2 月 8 日的两景覆盖开阳地区的 RADARSAT-2 数据，HH 极化，地面分辨率为 5m，入射角为 33°，经过差分干涉处理后，如图 2.12 所示，得到的整体相干性为 0.43，植被覆盖区域的相干性不足 0.2。

同样，选取 2016 年 2 月 2 日和 2 月 16 日的两景 ALOS-2 PALSAR 数据，HH 极化，地

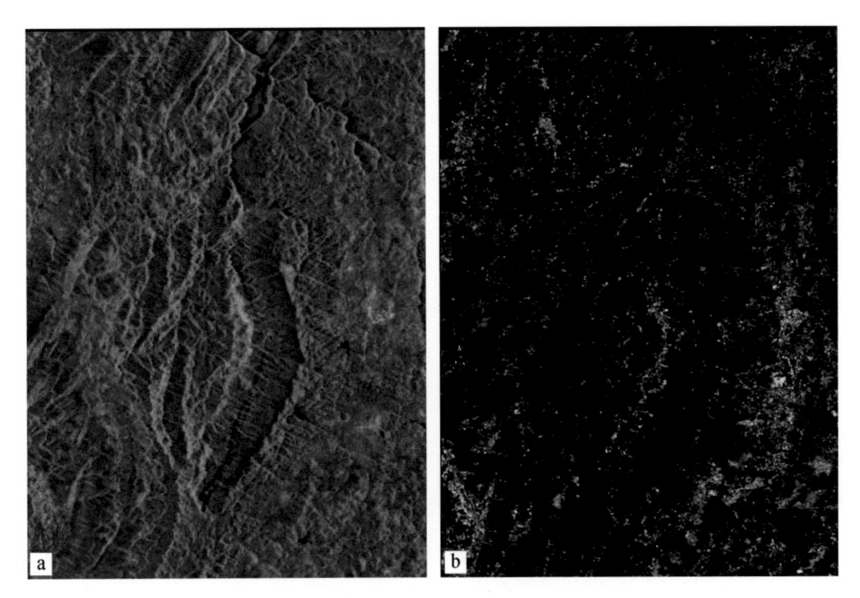

图 2. 11　开阳县 TerraSAR-X 数据干涉条纹图和相干性图

a. 干涉条纹图；b. 相干性图

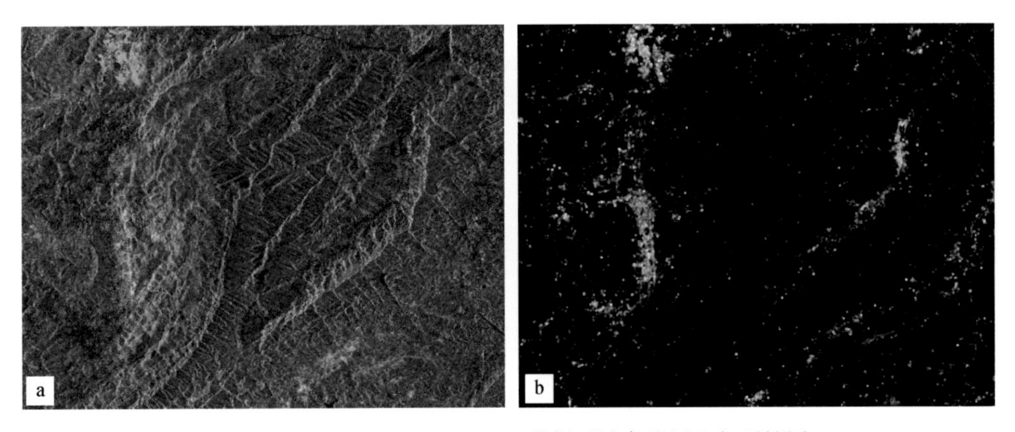

图 2. 12　开阳县 RADARSAT-2 数据干涉条纹图和相干性图

a. 干涉条纹图；b. 相干性图

面分辨率为 3m，入射角为 39. 7°，幅宽是 50km。两景影像构成的干涉对垂直基线为 357m，时间基线为 14 天。经过差分处理后，如图 2. 13 所示，整体的相干性为 0. 52，大部分的植被覆盖区域的相干性都优于 0. 3，干涉条纹图质量较高，有利于地表形变的干涉解译，非常适合于贵州的地灾监测。

综合以上分析，本书采用 ALOS-2 PALSAR 与 RADARSAT-2 数据对贵州省毕节市区域进行监测。

2. 3. 2　多波段协同监测结果分析

实验采用 ALOS-2 PALSAR、RADARSAT-2 和 Sentinel-1 数据分别对纳雍县鬃岭镇的滑

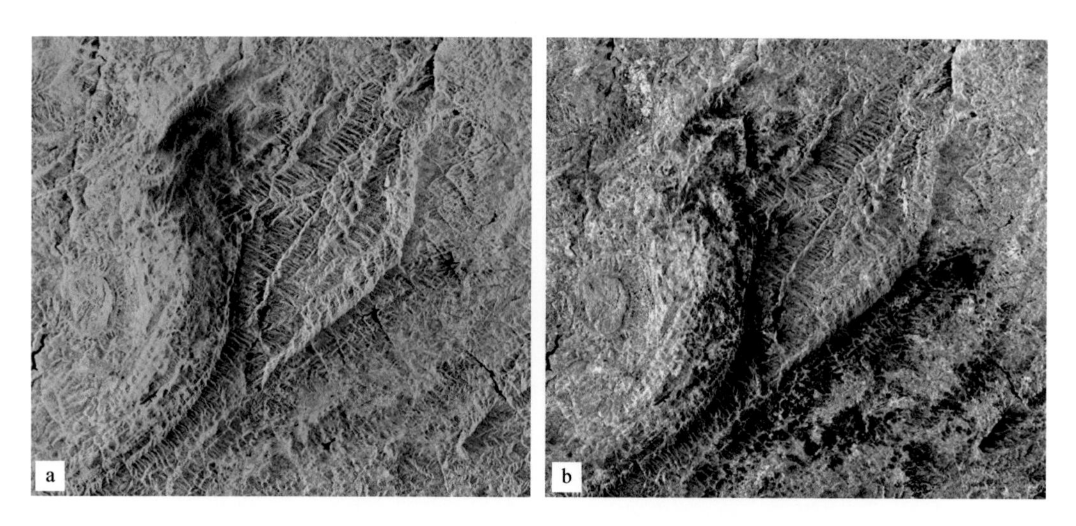

图 2.13　开阳县 ALOS-2 PALSAR 数据干涉条纹图和相干性图

a. 干涉条纹图；b. 相干性图

坡变形进行了分析，其中 ALOS-2 PALSAR 数据采用了 4 景数据，其中 2016 年 3 月 21 日和 2016 年 5 月 30 日的数据构成了一个干涉对，2017 年 6 月 11 日和 2017 年 8 月 26 日构成了一个干涉对，数据都为 HH 极化，地面分辨率为 3m，入射角为 39.7°，幅宽是 50km。对这两对 ALOS-2 PALSAR 干涉数据进行差分干涉处理，如图 2.14 所示，可以看出在 2016

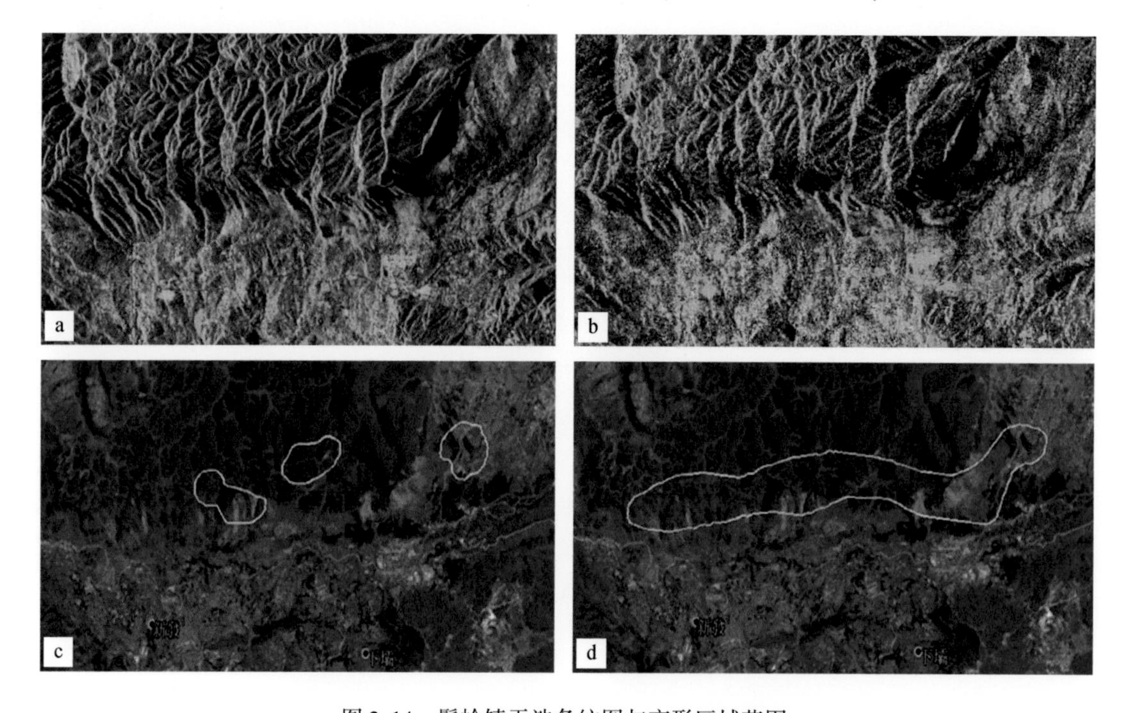

图 2.14　鬃岭镇干涉条纹图与变形区域范围

a. ALOS-2 PALSAR 数据鬃岭镇 2016 年干涉条纹图；b. ALOS-2 PALSAR 数据鬃岭镇 2017 年干涉条纹图；c. 鬃岭镇 2016 年干涉对监测到的变形区域范围；d. 鬃岭镇 2017 年干涉对监测到的变形区域范围

年干涉对上，变形主要发生在鬃岭镇的三个煤矿集中开采点上。而在2017年干涉对上，煤矿开采造成的变形量和变形范围都急剧扩大，最大的变形量达到了23cm，发生在鬃岭镇政府所在地正北面的大型滑坡堆积体上。

同时，利用2018年1月至2019年10月共26景RADARSAT-2卫星影像数据，采用时间序列干涉测量的分析方法对鬃岭镇的滑坡变形进行了分析。RADARSAT-2数据为HH极化，地面分辨率为5m，入射角为35.8°，幅宽是125km。本书将稳定散射目标直接叠加在Google Earth上，如图2.15所示，结果同样显示最大的变形发生在鬃岭镇政府所在地正北面的大型滑坡堆积体上，可监测到的最大年平均形变速率达到30mm/a，同样在环绕鬃岭镇的煤矿开采区都发现了明显变形现象，相对于ALOS-2差分干涉结果，RADARSAT-2稳定散射体在植被覆盖的山体上密度相对较低，对变形范围的表达不连续。

图2.15　RADARSAT-2数据鬃岭镇2018年1月至2019年10月年平均形变速率图

同样获取了鬃岭镇2018年1月至2019年10月的Sentinel-1数据，采用时间序列干涉测量的分析方法对鬃岭镇的滑坡变形进行了分析。Sentinel-1数据为HH极化，地面分辨率为20m，入射角为33.9°。将Sentinel-1数据分析的稳定散射目标直接叠加在Google Earth上，如图2.16所示，结果同样显示最大的变形发生在鬃岭镇政府所在地正北面的大型滑坡堆积体上，相对于RADARSAT-2数据，Sentinel-1数据空间分辨率低，造成Sentinel-1在鬃岭镇滑坡山体上能够探测到的稳定散射体更加稀疏。

2.3.3　MT-InSAR监测结果

在2.3.2节，我们比较了多波段下的协同监测结果以及大气延迟修正结果，下面我们

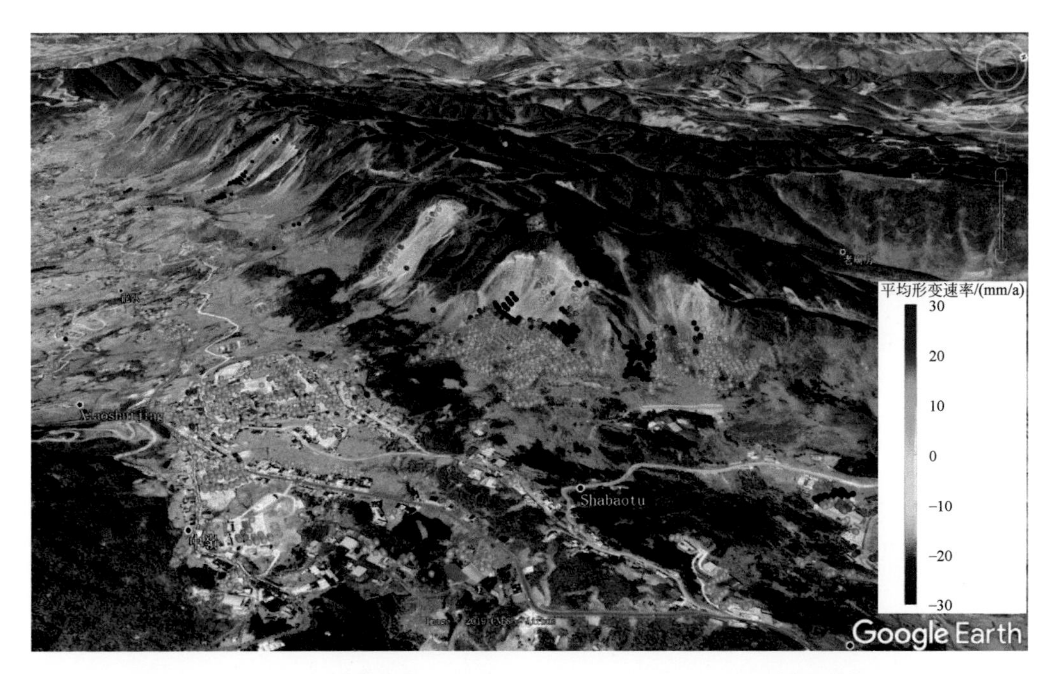

图 2.16 Sentinel-1 数据鬃岭镇 2018 年 1 月至 2019 年 10 月年平均形变速率图

对 MT-InSAR 监测的结果进行分析。选取的目标区域是纳雍县的鬃岭镇，鬃岭镇是一个主要煤矿开采区，镇内主要滑坡体为镇北部一连续滑坡体，采集了 2018 年 1 月至 2019 年 10 月共 26 景 RADARSAT-2 卫星影像数据，对 MT-InSAR 图像处理后的结果以图像形式进行陈列，并进行解译分析，以期获得鬃岭地区的时间序列形变情况、沉降发展趋势等。整个区域雷达影像幅度图如图 2.17 所示。

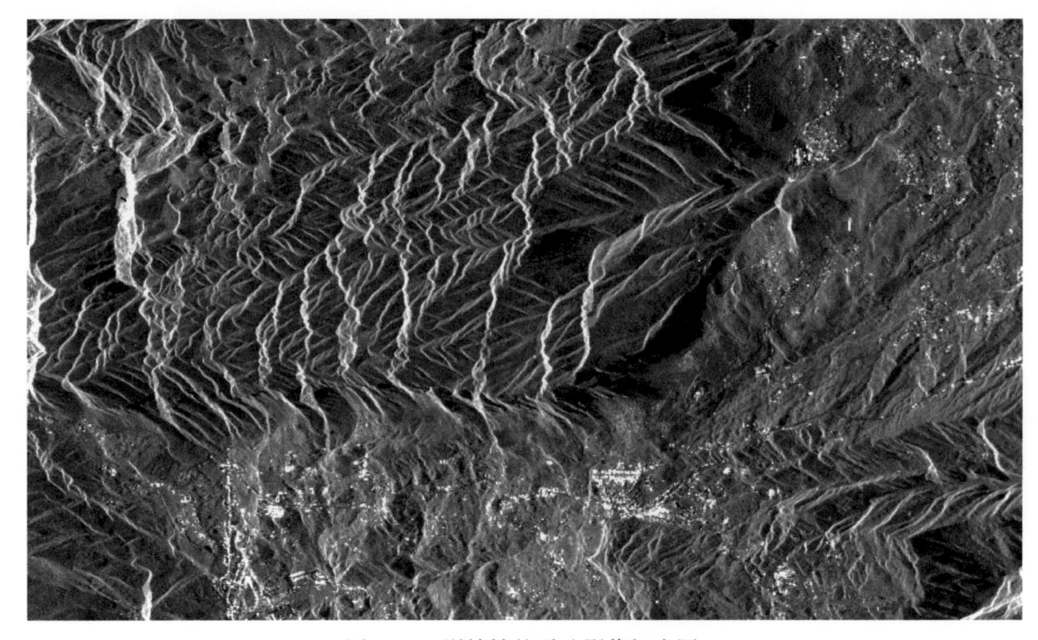

图 2.17 鬃岭镇的雷达影像幅度图

选取2018年3月21日的雷达影像为主影像，将其他影像与该主影像进行配准，以120天的时间基线为阈值利用小基线法将各个影像进行组合，26幅雷达影像共组成90组干涉对，干涉网络图如图2.18所示。

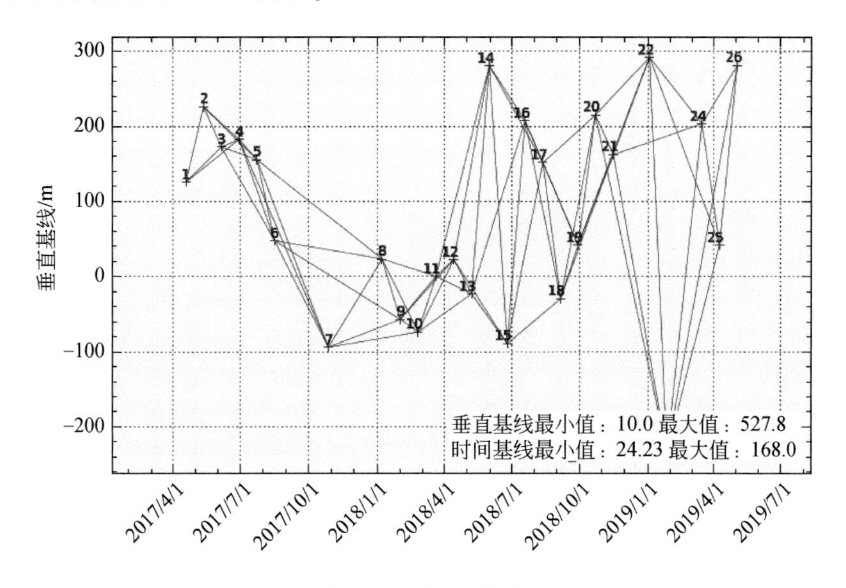

图2.18　干涉网络图

本书首先挑选具有稳定散射特性的地面目标作为稳定散射体候选点，包括永久散射体和分布式散射体，以离散幅度差0.3为阈值选取PS点。DS点目标机制的特点涉及分辨率单元内所有较小散射体的相干累加，这些散射体中没有一个的散射特性是占据统治地位的。用Anderson-Darling检验来鉴别统计上的同质像素。假设大于20SHP的像素是DS点的候选像素。采用相干加权相位连接法对DS检测前的相位进行优化。选取PS点和DS点目标情况如图2.19所示，PS点主要分布在城镇区域，而碎石滑坡堆积物上点位分布也较密集，而DS点在靠近山体的稀疏植被覆盖区也有较多的点，PS候选点和DS候选点点密度为9788个/km^2。

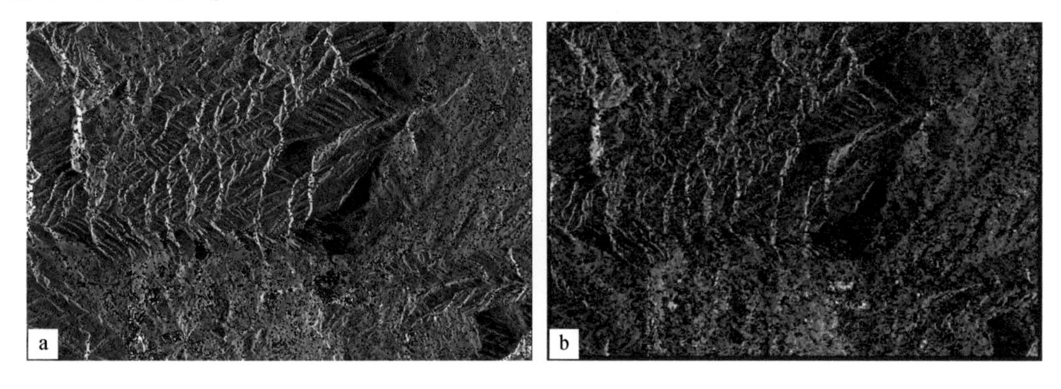

图2.19　PS点/DS点分布图

a. PS点分布图；b. DS点分布图

本书采用 SRTM-1 30m 分辨率的 DEM 数据来去除地形相位，获取该区域的 DEM 图，如图 2.20 所示。

图 2.20 DEM 图

将 90 组干涉对进行差分计算，在去掉平地和地形相位后，可以得到差分干涉图，72 组干涉对的差分干涉图如图 2.21 所示，对比观察后可以发现，差分结果较好，可以满足接下来的计算需求。

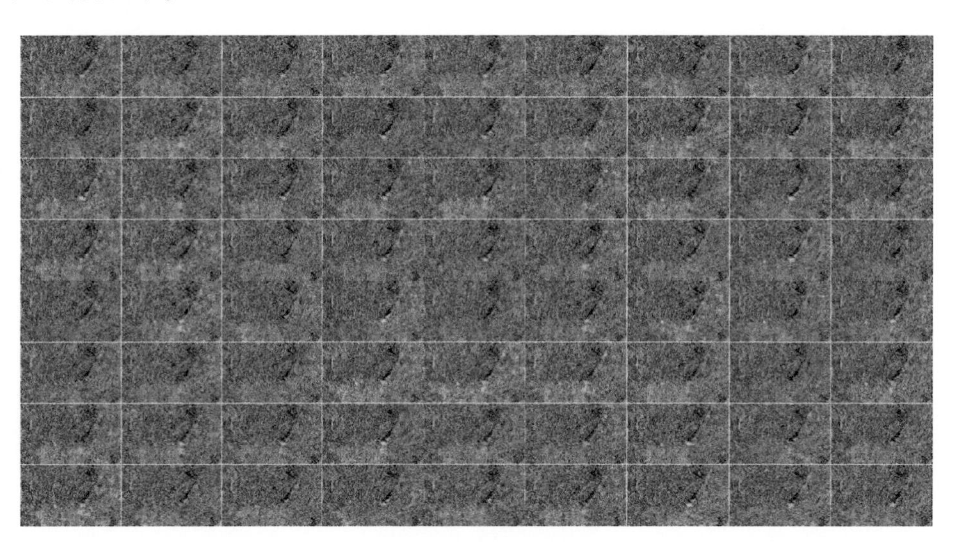

图 2.21 差分干涉图

为了更好地展示差分干涉计算的结果，选取第一组干涉对进行展示。如图 2.22 所示，在鬃岭镇政府所在地正北面的大型滑坡堆积体上，可以发现明显的干涉条纹。

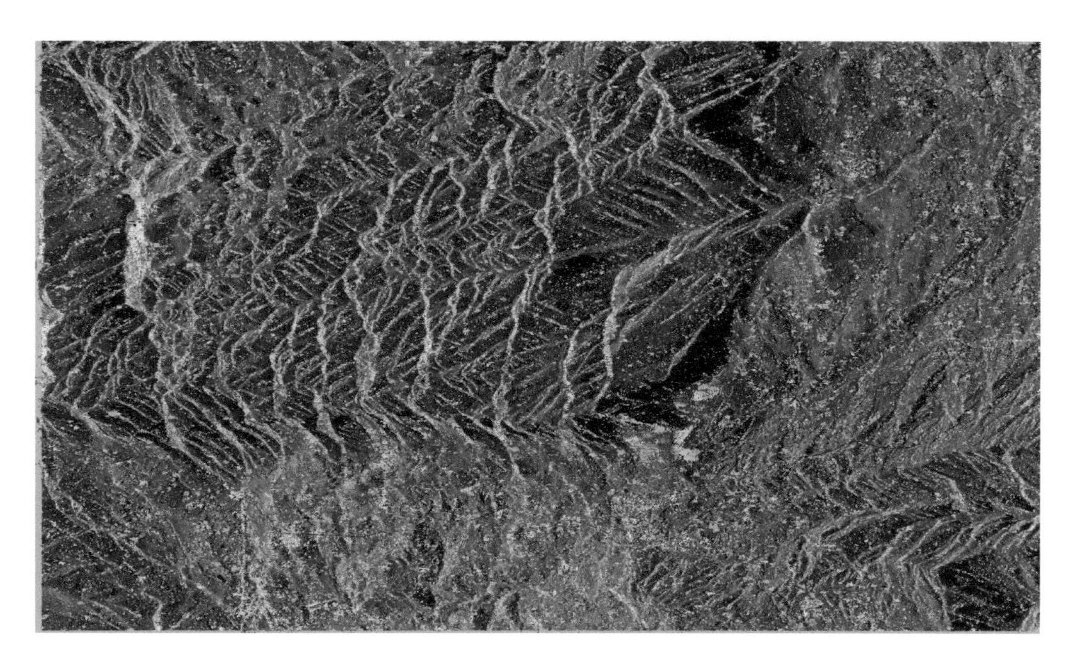

图2.22　第一组干涉对的差分干涉图

研究区域内植被茂密，通过迭代处理和大气模型的校正，大气相位改正结果，利用奇异值分解（singular value decomposition，SVD），可以将小基线集的干涉对转化为时间序列模式下的形变量。并通过地理编码，将雷达坐标系转换为地理坐标系，选择的坐标系为WGS84坐标系，如图2.23所示。

图2.23　累计形变量

同样，也可以得到各影像时期的累计形变量图，如图 2.24 所示。

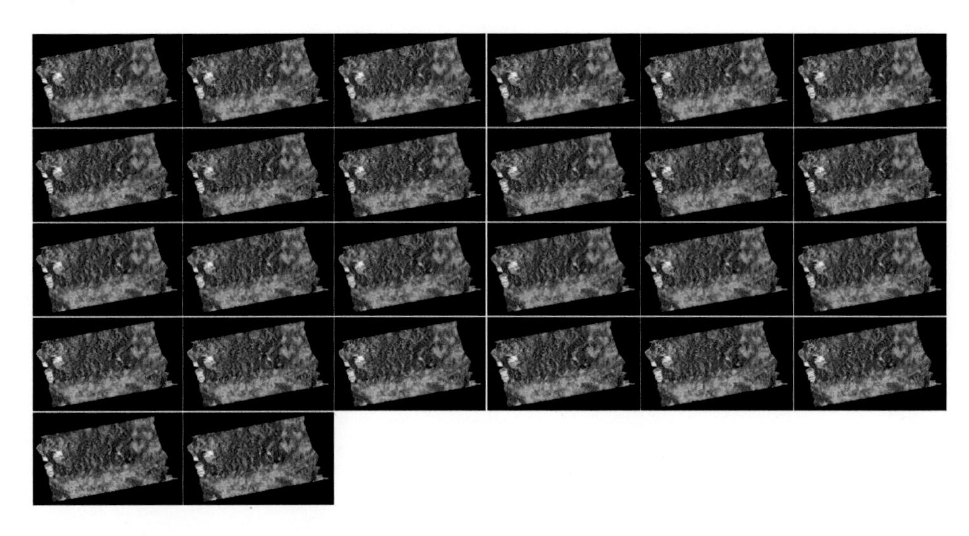

图 2.24 各影像时期累计形变量

将所得到的区域形变数据和光学影像图结合，将雷达视线上的形变速率值通过 ArcGIS 中不同颜色进行分类，得到染色后的专题图，如图 2.25 所示。图中红色部分，即形变量较大区域，与实际的滑坡体范围高度重合，鬃岭镇北部的滑坡体的最大年平均形变速率达到 116mm/a。

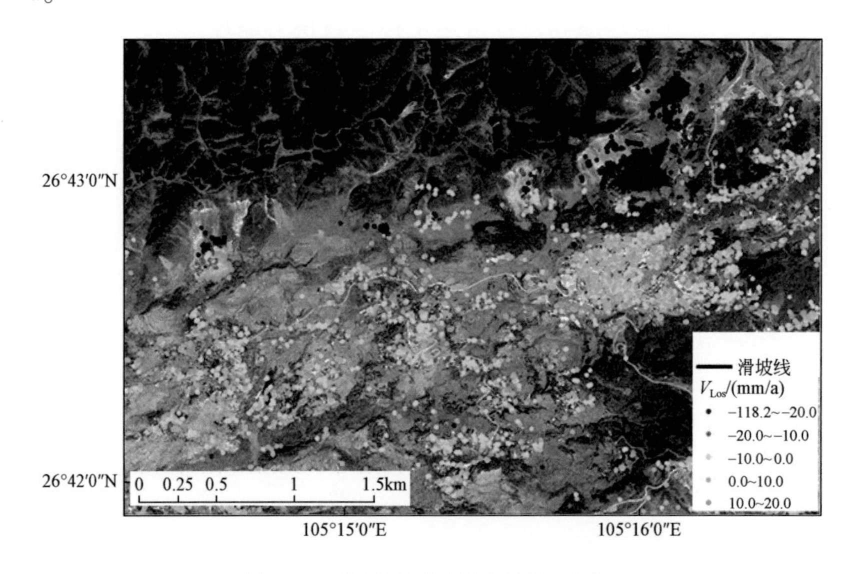

图 2.25 鬃岭镇区域形变结果专题图

鬃岭镇的实例分析表明通过 MT-InSAR 监测，利用雷达影像数据可以很好地分析出潜在的滑坡体，在此基础上，通过形变速率的变化监测可以实时监测滑坡体的运动趋势，从而为滑坡体易发性分析提供有利条件。

2.4　成效验证

2018～2019 年在贵州省毕节市采用本书提出的方法开展 InSAR 滑坡地表形变监测。如图 2.26 所示，首先根据不同的数据种类采用相应方法进行处理，反演出地表形变量；然后将地表形变量与识别出的 1221 处隐患点数据进行叠加分析，如果形变区域位于已知隐患点位置则作为已知隐患形变量直接上报地灾防治部门，否则将形变作为疑似滑坡隐患提交地灾防治专家现场核实，确认为滑坡隐患后作为新增隐患上报地灾防治部门。

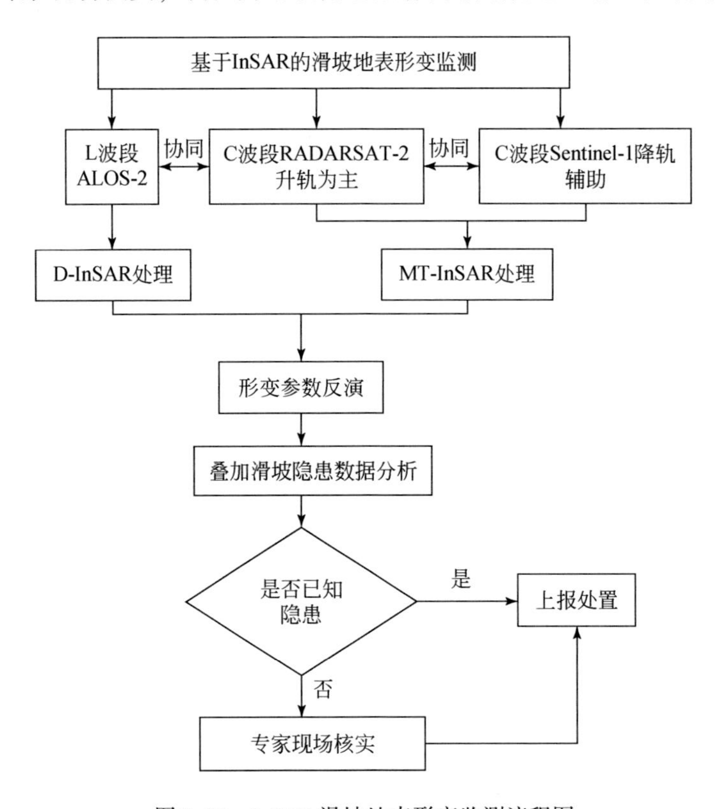

图 2.26　InSAR 滑坡地表形变监测流程图

2018～2019 年共采集毕节地区卫星雷达遥感数据 204 景，其中 L 波段 ALOS-2 3m 分辨率影像 60 景重点监测雨季高植被覆盖区地表形变，C 波段 RADARSAT-2 5m 分辨率影像 120 景和 C 波段 Sentinel-1 数据 24 景，结合 2018 年前历史存档数据，开展居民区、矿区等植被覆盖较少区域的滑坡地表形变长时序监测。两年间共监测到地表形变 161 处，通过野外核查确定为滑坡隐患的 68 处。在 68 处滑坡隐患中，原有地灾隐患持续形变点 47 处，新增点 21 处。图 2.27 为部分专家现场核实样例表，图 2.28 为监测到的滑坡形变与已知滑坡隐患位置关系图。

编号	地理位置	经度	纬度
DBXB162	毕节市金沙县木孔乡石板村	106°35′10.04″E	27°25′59.85″N

毕节市金沙县木孔乡石板村

现场核查情况说明	该形变异常区位于金沙县木孔乡石板村一处山体，周围无密集居民区，距最近一处零散民房相隔一道山沟，该区域附近2km内存在两座正在运营的矿厂企业。异常区所在山顶植被茂密，山体西面有部分耕地，发现了近期才出现的碎石堆积物和较新的小规模土体塌陷，通过无人机航拍照片发现在山腰另一面存在大量碎石堆积物；距形变区域约1km处的村级公路附近的人造建筑物还发现了裂缝

a

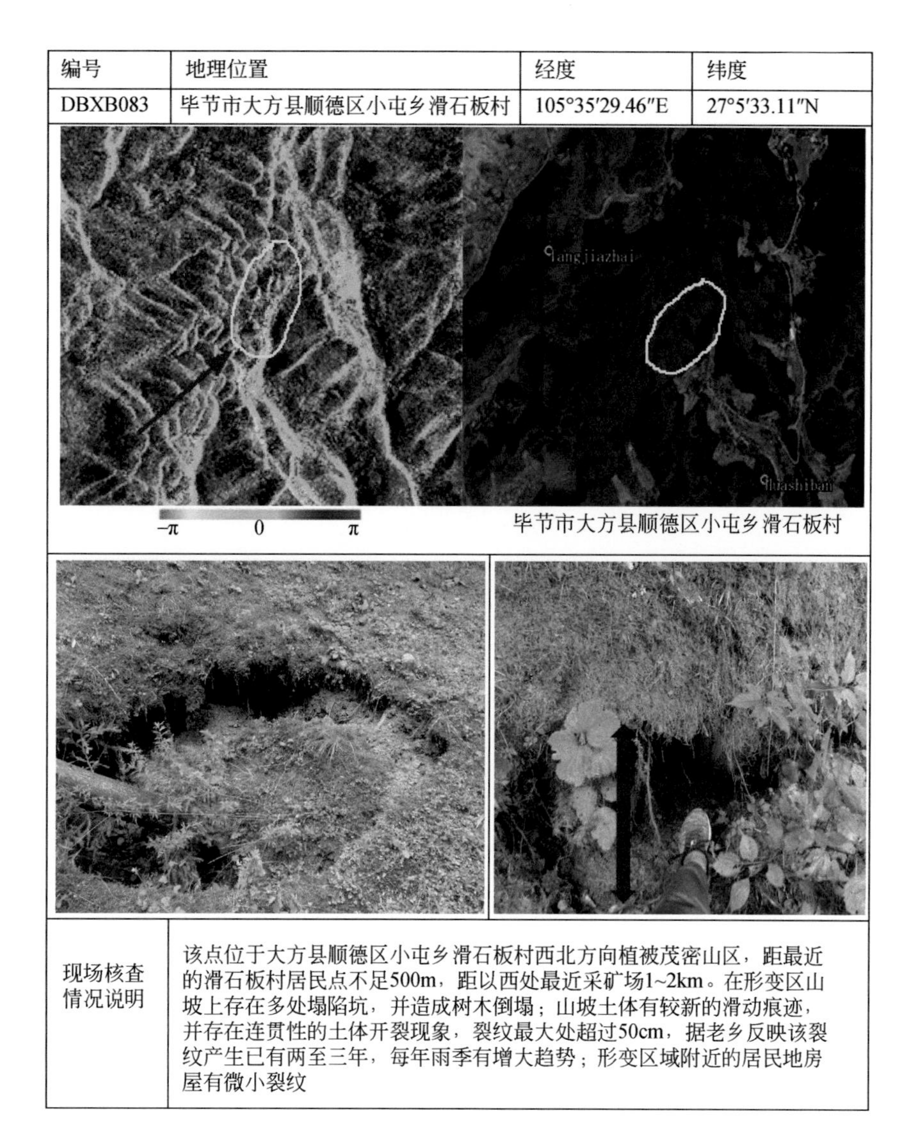

编号	地理位置	经度	纬度
DBXB083	毕节市大方县顺德区小屯乡滑石板村	105°35′29.46″E	27°5′33.11″N

现场核查情况说明	该点位于大方县顺德区小屯乡滑石板村西北方向植被茂密山区，距最近的滑石板村居民点不足500m，距以西处最近采矿场1~2km。在形变区山坡上存在多处塌陷坑，并造成树木倒塌；山坡土体有较新的滑动痕迹，并存在连贯性的土体开裂现象，裂纹最大处超过50cm，据老乡反映该裂纹产生已有两至三年，每年雨季有增大趋势；形变区域附近的居民地房屋有微小裂纹

b

图 2. 27　部分专家现场核实样例

滑坡是个自然的动态过程，识别出的隐患有些在持续形变，有些长期处于稳定状态，同时由于人类活动又有新的隐患出现，历史台账上的 1221 处隐患，在两年的 InSAR 监测中只有 47 处监测到形变，还有 21 处是新增隐患。这恰恰表明 InSAR 地表形变监测有着重要意义，不仅能对原有隐患进行持续形变监测，还能发现新增的地表形变，从而判定新增滑坡隐患。

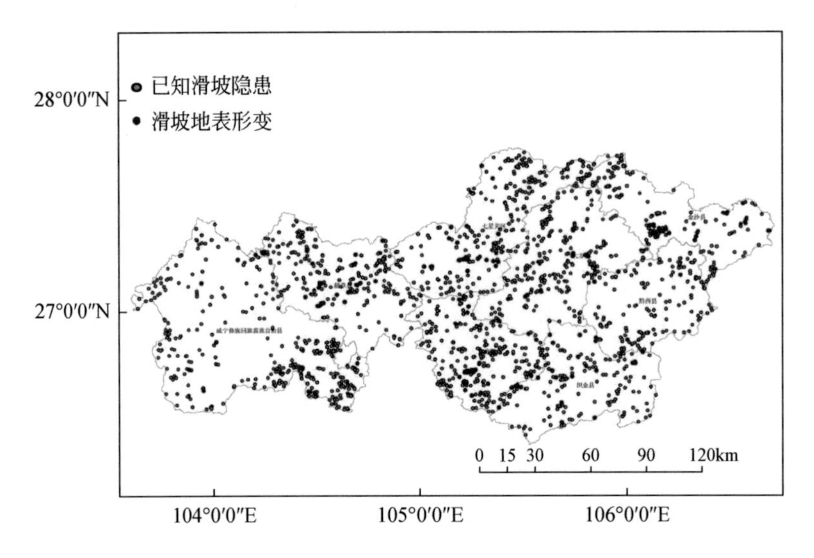

图 2.28　监测到的滑坡形变与已知滑坡隐患位置关系图

2.5　本 章 小 结

本章首先介绍了 D-InSAR 技术以及在此基础上发展的 MT-InSAR 技术的监测原理和技术流程；随后针对西南山区特殊的地形、气象、植被覆盖条件，分析了采用 InSAR 技术的难点，并提出了多时相、多波段、多视角协同监测方法，数值天气模型开展大气延迟校正方法，以及分布式散射体干涉测量滑坡体长时间序列形变分析方法；然后通过实验验证分析了本书提出的改进办法；最后介绍了利用本书改进的方法在毕节市开展 InSAR 滑坡地表形变监测的成效。

参 考 文 献

孔纪名，2004. 滑坡发育的阶段性特征与观测．山地学报，22（6）：725-729.

李进田，张景发，申旭辉，等，2018. InSAR 技术与失相干研究综述．地壳构造与地壳应力文集，（1）：173-185.

孙倩，胡俊，陈小红，2019. 多时相 InSAR 技术及其在滑坡监测中的关键问题分析．地理与地理信息科学，35（3）：37-45.

Adam N，Kampes B，Eineder M，2004. Development of a scientific permanent scatterer system：Modifications for mixed ERS/ENVISAT time series. Envisat & ERS Sympo Sium，9：6-10.

Anderson T W，Darling D A，1952. Asymptotic theory of certain “goodness of fit” criteria based on stochastic processes. The Annals of Mathematical Statistics，23：193-212.

Bamler R，Hartl P，1998. Synthetic aperture radar interferometry. Proceedings of the IEEE，88（3）：333-382.

Bardi F，Frodella W，Ciampalini A，et al.，2014. Integration between ground based and satellite SAR data in landslide mapping：The San Fratello case study. Geomorphology，223：45-60.

Carnec C，Delacourt C，2000. Three years of mining subsidence monitored by SAR interferometry，near Gardanne，France. Journal of Applied Geophysics，43（1）：43-54.

Cascini L，Fornaro G，Peduto D，2009. Analysis at medium scale of low-resolution D-InSAR data in slow-moving landslide-affected areas. ISPRS Journal of Photogrammetry and Remote Sensing，64（6）：598-611.

Colesanti C，Wasowski J，2006. Investigating landslides with space-borne Synthetic Aperture Radar（SAR）interferometry. Engineering Geology，88（3）：173-199.

Di Martire D，Paci M，Confuorto P，et al.，2017. A nation-wide system for landslide mapping and risk management in Italy：The second Not-ordinary Plan of Environmental Remote Sensing. International Journal of Applied Earth Observation and Geoinformation，63：143-157.

Doin M P，Lasserre C，Peltzer G，et al.，2009. Corrections of stratified tropospheric delays in SAR interferometry：Validation with global atmospheric models. Journal of Applied Geophysics，69（1）：35-50.

Ferretti A，Prati C，Rocca F，2000. Nonlinear subsidence rate estimation using permanent scatterers in differential SAR interferometry. IEEE Transactions on Geoscience and Remote Sensing，38（5）：2202-2212.

Ferretti A，Tamburini A，Novali F，et al.，2011. Impact of high resolution radar imagery on reservoir monitoring. Energy Procedia，4（22）：3465-3471.

Goel K，Adam N，2013. A distributed scatterer interferometry approach for precision monitoring of known surface deformation phenomena. IEEE Transactions on Geoscience and Remote Sensing，52（9）：5454-5468.

Goldstein R M，Werner C L，1998. Radar interferogram filtering for geophysical applications. Geophysical Research Letters，25：4035-4038.

Grohmann C H，2018. Evaluation of TanDEM-X DEMs on selected Brazilian sites：Comparison with SRTM，ASTER GDEM and ALOS AW3D30. Remote Sensing of Environment，212：121-133.

Herrera G，Fernández-Merodo J A，Mulas J，et al.，2009. A landslide forecasting model using ground based SAR data：The Portalet case study. Engineering Geology，105：220-230.

Herrera G，Gutiérrez F，García-Davalillo J C，et al.，2013. Multi-sensor advanced D-InSAR monitoring of very slow landslides：The Tena Valley case study（Central Spanish Pyrenees）. Remote Sensing of Environment，128：31-43.

Hooper A，2008. A multi-temporal InSAR method incorporating both persistent scatterer and small baseline approaches. Geophysical Research Letters，35（16）：96-106.

Intrieri E，Di Traglia F，Del Ventisette C，et al.，2013. Flank instability of Stromboli volcano（Aeolian Islands，Southern Italy）：Integration of GB-InSAR and geomorphological observations. Geomorphology，201（1）：60-69.

Kampes B，Hanssen R，2000. Delft public domain radar interferometric software：Processing considerations and future strategies. EOS，Transactions，American Geophysical Union，81：S162.

Li Z，Muller J P，Cross P，et al.，2005. Interferometric synthetic aperture radar（InSAR）atmospheric correction：GPS，Moderate Resolution Imaging Spectroradiometer（MODIS），and InSAR integration. Journal of Geophysical Research：Solid Earth（1978～2012），110（B03410），doi：10.1029.

Liu X，Zhao C，Zhang Q，et al.，2018. Multi-temporal loess landslide inventory mapping with C-，X-and L-Band SAR datasets—A case study of Heifangtai Loess Landslides，China. Remote Sensing，10（11）：1756.

Pepe A，Sansosti E，Berardino P，et al.，2005. On the generation of ERS/ENVISAT D-InSAR time-series via the SBAS technique. IEEE Geoscience and Remote Sensing Letters，2（3）：265-269.

Rabus B，Eineder M，Roth A，et al.，2003. The shuttle radar topography mission—a new class of digital elevation models acquired by spaceborne radar. ISPRS Journal of Photogrammetry and Remote Sensing，57：

241-262.

Rosenqvist A, Shimada M, Suzuki S, et al., 2014. Operational performance of the ALOS global systematic acquisition strategy and observation plans for ALOS-2 PALSAR-2. Remote Sensing of Environment, 155: 3-12.

Scholz F W, Stephens M A, 1987. K-sample Anderson-Darling tests. Journal of the American Statistical Association, 82 (399): 918-924.

Strozzi T, Caduff R, Wegmüller U, et al., 2017. Widespread surface subsidence measured with satellite SAR interferometry in the Swiss alpine range associated with the construction of the Gotthard Base Tunnel. Remote Sensing of Environment, 190: 1-12.

Zhang Y, Huang C C, Shulmeister J, et al., 2019. Formation and evolution of the Holocene massive landslide-dammed lakes in the Jishixia Gorges along the upper Yellow River: No relation to China's Great Flood and the Xia Dynasty. Quaternary Science Reviews, 218: 267-280.

Zhao C, Lu Z, Zhang Q, et al., 2012. Large-area landslide detection and monitoring with ALOS/PALSAR imagery data over Northern California and Southern Oregon, USA. Remote Sensing of Environment, 124: 348-359.

第3章　利用隐患数据和InSAR监测数据开展滑坡易发性评价

隐患调查和形变监测的目的是开展滑坡预警，预警的重心应基于对历史数据的统计分析和形变、雨量等关键指标的模型研究（许强，2020a）。本章研究利用获取的滑坡隐患数据结合地质灾害易发区的地质环境、水文、气象等条件，采用机器学习模型分析滑坡隐患与地形地貌、地质类型、降水量等要素之间的关系，对滑坡体的稳定性进行评估，并制作广域滑坡易发性风险图（landslide susceptibility maps，LSM）；随后引入MT-InSAR监测的滑坡体形变时间序列成果，解决初始易发性风险图缺少修正过程的问题，并对滑坡易发性风险图进行更新。

3.1　分析隐患分布规律开展易发性评价

滑坡易发性评价是对影响滑坡形成的各类因素的综合研究，它反映了滑坡的分布规律和易发情况（Pavel et al.，2011），是后续开展风险性评价的基础（Lu and Dzurisin，2014）。随着数理统计模型和机器学习模型等在滑坡易发性评价方面的大量运用，滑坡易发性评价已从定性向定量方向发展（Pradhan，2013）；而地理信息系统（GIS）凭借其强大的空间分析和数据处理能力，为综合分析提供了有利平台，极大地促进了区域滑坡灾害评估模型的开发和使用（Carrara et al.，1991）。本书利用GIS构建各评价因子图层，并统计分析各类滑坡隐患分布情况，选择影响毕节市滑坡的各类因子，结合数理统计和机器学习模型开展滑坡易发性风险评价，并制作滑坡易发性风险评价图。流程如图3.1所示。

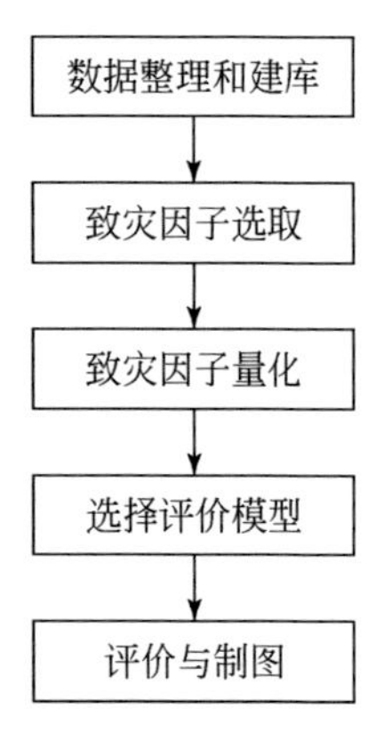

图3.1　滑坡易发性风险评价流程

3.1.1 空间数据库的建立

开展滑坡易发性评价首先要利用 GIS 技术建立滑坡图形及属性数据库，并实现二者无缝连接与数据双向查询和检索。通过 ArcGIS 软件对各图层进行数据的矢量化、栅格化、坐标投影以及重分类等处理，将所有因子图层转化成 2000 国家大地坐标系下的栅格图；最后将选取的滑坡致灾因子与滑坡隐患点图层叠加，分析各类因子与滑坡隐患分布的关系（图 3.2）。

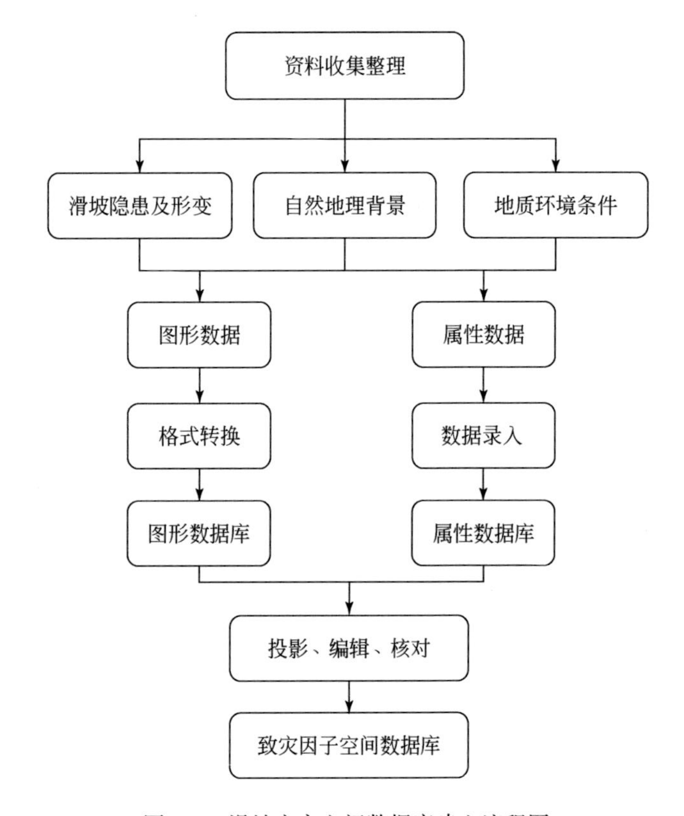

图 3.2 滑坡灾害空间数据库建立流程图

3.1.2 致灾因子的选取

致灾因子包括自然因素和人为因素两种类型（殷坤龙，2010），前者主要包括地质构造、地形地貌、降雨、地层岩性等；后者主要是指人类活动，如矿山开采、森林砍伐、建设施工等。滑坡形成条件和滑坡致灾因子是滑坡形成机理及其评价研究的重要组成部分，只有合理选择导致滑坡发生的致灾因子，才能准确判定滑坡的易发性。致灾因子的选取要科学地体现其对灾害的影响，并确保各因子互不影响，无强相关性。本书在分析上文的滑坡隐患分布规律的基础上，综合考虑地质环境条件和人类工程活动等因素（苏泽志和苏宁，2013），共选取12种致灾因子。其中人类工程活动因素包括道路距离、采矿区距离、土地利用；地质环境条件因素则包括高程、坡度、坡向、平面曲率、剖面曲率、岩性、河流距离、降雨、断裂带距离。各因子的选取依据和影响等级划分如下。

1. 高程

海拔对于滑坡的孕育及发生有很大的影响。研究区位于贵州省西北部，其高程范围为457～2901m。本书将研究区高程划分为1000m以下、1000～1500m、1500～2000m和2000m以上4个等级。通过统计不同高程等级滑坡隐患点数目得出：随着高程的增加，滑坡的数量也在增加，且在1500～2000m的高程范围内，滑坡隐患数量最多。

2. 坡度

不同等级的坡度重力沿斜坡方向的分量也不同，坡度的大小直接影响滑坡的势能大小，坡度越大斜坡越容易变形失稳。本书以10°为一个区间，从<10°、10°～20°、20°～30°、30°～40°、40°～50°和>50°将研究区坡度划分为6个等级。

3. 坡向

坡向可以影响风化作用、气候、土壤覆盖以及土壤的渗透能力等，是地形要素中非常重要的一个因素。本书以45°为划分区间，将研究区内坡向划分为9类：0°（水平向）、0°～22.5°和337.5°～360°（北向）、22.5°～67.5°（东北向）、67.5°～112.5°（东向）、112.5°～157.5°（东南向）、157.5°～202.5°（南向）、202.5°～247.5°（西南向）、247.5°～292.5°（西向）以及292.5°～337.5°（西北向）。研究区内隐患点分布密度较高的方向主要有东南向、南向、西向和西北向等。

4. 平面曲率

平面曲率是反映等高线弯曲程度的指标，指的是地面上任一点位地表坡向的变化率，通过对坡向提取坡度来获取。平面曲率通过影响河流的汇聚和分散，进而影响滑坡的发生。

5. 剖面曲率

剖面曲率是指地面上任一点上地表坡度的变化率，剖面曲率反映了地表坡度在垂直方向的变化，坡度在垂直方向上的扭曲变化程度也会影响滑坡的发生。

6. 采矿区距离

矿山开采势必会影响山体的稳定性（刘朋辉等，2007）。研究区矿产资源丰富，共有有效矿山企业1040个。毕节市是我国南方地区重要的煤炭资源分布区，煤炭矿山企业有359个且均为地下开采，采煤作业导致地面垂直运动增加，从而导致下沉岩层的侧向膨胀，从而导致山体失稳，引发滑坡灾害。本书以100m为间距，将矿区范围进行缓冲分析，将距离矿区1000m范围内的区间划分为10个等级。通过统计不同采矿区距离等级滑坡隐患点数目可知，距采矿区越近，滑坡隐患点密度越高，发生滑坡的可能性越大。

7. 河流距离

研究区内河流纵横，河道迂回、落差大，对山坡的侵蚀作用明显，且滑坡堆积体极易形成堰塞湖。本书以100m为间距，将研究区河道进行缓冲分析，将距离河道1000m范围内的区间划分为10个等级。通过统计不同河流距离等级滑坡隐患点数目可知，距离河道越近，滑坡隐患点密度越高，发生滑坡的可能性越大。

8. 断裂带距离

研究区地质条件复杂，褶皱、断裂交错发育。断裂带附近岩石破碎抗蚀能力低，是滑坡物质的重要来源，同时岩体破碎使得降雨集聚容易诱发滑坡；另外，断裂带也是地质活动频繁区，为滑坡的形成提供了条件。本书按照300m的间距标准，将断裂带进行缓冲分析，将研究区距断裂带1500m范围内的区间划分为6个等级。通过统计不同断裂带区间滑坡隐患点数目可知，距离河道越近，滑坡隐患点密度越高，发生滑坡的可能性越大。

9. 道路距离

由于毕节市的喀斯特地貌特性，道路往往需要穿山而过。道路的新建、扩建都不可避免地会对周围山体产生扰动，隧道开挖、切坡等作业破坏山坡稳定性，导致山体失稳，极易引发滑坡等地质灾害。

10. 土地利用

良好的水土保持对滑坡有一定抑制作用，不同土地利用类型产生滑坡的风险也不尽相同，毕节市地处山区，平原可利用耕地少，梯田分布较多。土地开垦、农作物种植破坏了原有的坡面生态体系，使土壤裸露和松软，改变了原有的渗流条件，当雨季暴雨来临时，坡地灌溉系统防渗排水能力减弱，土壤渗漏，导致不稳定斜坡失稳滑动。特别是在退耕还林过程中，不同的森林对滑坡的易发性影响也不尽相同，这点将在后续章节详细介绍，此处不再赘述。

11. 降雨

滑坡除受地质因素影响外，同时受气象条件的影响，其中，由降雨诱发滑坡的现象尤为突出，尤其是在极端气象条件下（冉菊华和钟有萍，2000）。本书采用了毕节市各县区气象站点的降水量数据，数据覆盖时间为2017年1月至2019年9月。

12. 岩性

岩性对滑坡的发育起着重要作用（童立强等，2010）。本书依照毕节市区域水文地质资料对岩性进行分类。其中，软硬相间层状岩组、薄层状砂岩组、泥岩岩组、中薄层状灰岩岩组、白云岩夹泥岩岩组、页岩岩组以及软硬相间层状碎屑岩、碳酸盐岩岩组滑坡隐患点密度相对较高。主要因为软弱岩组在降雨诱发作用下容易产生滑动面，进而形成滑坡。

3.1.3 致灾因子的量化

滑坡的发生是各类致灾因子综合作用的结果，不同因子对滑坡发生的作用大小各不相同，因此，开展区域滑坡灾害评价要对各致灾因子进行量化。信息量模型是一种评价区域地质灾害行之有效的模型方法（殷坤龙和朱良峰，2001），尤其适用于中、小比例尺区域的地质灾害风险评估。本书选择信息量模型对致灾因子进行量化，通过信息量模型可将所有致灾因子的信息等权值叠加，获得评价单元的总信息量。

信息量法的主要思路是选取若干致灾因子，将每个致灾因子依照影响程度进行分级，将致灾因子数据库中的实际数据，划分为影响滑坡发生的若干因子的信息量值。信息量法用概率倒数的对数来表示某一个事件 A 出现带来的信息量：

$$I(A)=\ln\left(\frac{1}{p_A}\right) \tag{3.1}$$

式中，$I(A)$ 为事件 A 的信息量；p_A 为事件 A 发生的概率。

从式（3.1）可以发现，对于事件 A，其可能性越大，信息量越大，熵越小。3.1.2 节中选取的各类致灾因子均在不同程度上表现滑坡体及所在区域的特征信息，把各种因子有机结合，将分布在不同量纲下的各个因素组合到一个量纲下，用信息量的大小表示其对于灾害发生影响的重要性。

要研究致灾因子的影响范围，首先要对研究区域进行网格单元划分，依据研究区地质、地貌条件，确定对应网格形状及其大小，然后与区域滑坡隐患分布图结合进行统计分析。假设在某区域内划分成 N 个单元，存在隐患的单元为 N_0 个。M 个具有相同因素 x_1，$x_2,x_3,\cdots,x_k$ 组合的单元中有 M_0 个有滑坡隐患的单元，根据先验概率原理（殷坤龙和朱良峰，2001）：

$$I\left(\frac{y}{x_1},x_2,x_3,\cdots,x_k\right)=\log_2\left(\frac{M_0/M}{N_0/N}\right) \tag{3.2}$$

以所占面积比运算信息量值，则式（3.2）可表示为式（3.3）：

$$I\left(\frac{y}{x_1},x_2,x_3,\cdots,x_4\right)=\log_2\left(\frac{S_0/S}{A_0/A}\right) \tag{3.3}$$

式中，A 为区域内单元总面积；A_0为已知滑坡隐患的单元面积之和；S_0为具有相同因素 x_1，$x_2,x_3,\cdots,x_k$ 组合单元中滑坡隐患的单元面积之和；S 为具有相同因素 $x_1,x_2,x_3,\cdots,x_k$ 组合单元的总面积。

通常影响滑坡灾害的因素很多，各个因素之间的组合情况也就很多，样本统计数量很容易受限，所以本书运用单因素信息量模型分别计算再进行叠加综合分析的方法，对应模型表达式为

$$I=\sum_{i=1}^{n}I_i=\sum_{i=1}^{n}W_i\times\log_2\left(\frac{S_0^i/S^i}{A_0/A}\right) \tag{3.4}$$

式中，I 为研究区某单元信息量的预测值；S^i 为因素 x_i 所占单元总面积；S_0^i 为因素 x_i 单元中滑坡隐患的单元面积之和；W_i 为因素 x_i 的权重，通过评价模型等得到。接下来将介绍滑坡易发性的评价模型。

3.1.4　滑坡易发性评价模型

评价模型的选择对于滑坡易发性评价至关重要，它直接决定了评价结果的可信度和准确率。在滑坡易发性评估模型中，相对于层次分析法（AHP）、logistic 回归法、人工神经网络法以及随机森林法，支持向量机（SVM）模型在小样本情况下表现良好（Huang and Zhao，2018）。本书选取支持向量机（SVM）模型开展滑坡易发性评价。

支持向量机模型是一种监督学习方法，是对数据进行二元分类的广义线性分类器，其基本模型即定义特征空间上间隔最大的分类器，其学习算法即求解凸二次规划的最优化算法。SVM 同时也包括核技巧，使其成为非线性分类器。

对于数据训练集 $T=\{(x_1,y_1),(x_2,y_2),\cdots,(x_N,y_N)\}$，其中 $y_i\in[-1,+1],i=1,2,3,\cdots,N$。需要选择一个惩罚参数 $C>0$，构造并求解凸二次规划问题。

$$\min \frac{1}{2}\sum_{i=1}^{N}\sum_{j=1}^{N}\alpha_i\alpha_j y_i y_j (x_i \cdot x_j) - \sum_{i=1}^{N}\alpha_i \tag{3.5}$$

$$\text{s. t.} \sum_{i=1}^{N}\alpha_i y_i = 0 \tag{3.6}$$

式中，α_i 和 α_j 为拉格朗日乘子，$0\leqslant\alpha_i\leqslant C, i=1,2,3,\cdots,N$；$x_i$、$x_j$、$y_i$、$y_j$ 为 n 维空间中的样本。

得到最优解：

$$\alpha^* = (\alpha_1^*, \alpha_2^*, \cdots, \alpha_N^*) \tag{3.7}$$

$$\omega^* = \sum_{i=1}^{N}\alpha_i^* y_i x_i \tag{3.8}$$

式中，ω^* 为超矢面的系数向量；α^* 为拉格朗日乘子矢向量。

选择 α^* 的一个分量 α_j^*，满足约束条件 $0\leqslant\alpha_j^*\leqslant C$；

求解：

$$b^* = y_i - \sum_{i=1}^{N}\alpha_i^* y_i (x_i \cdot y_i) \tag{3.9}$$

分离超平面：

$$\omega^* \cdot x + b^* = 0 \tag{3.10}$$

式中，x 为 n 维空间；b 为支持向量均值。

得到分类决策函数：

$$f(x) = \operatorname{sign}(\omega^* \cdot x + b^*) \tag{3.11}$$

传统的线性 SVM 算法可以很好地解决低维空间的问题，但是当训练集中含有参数过多时，高维空间转化为平面问题时适用性较低，因此，对传统的线性 SVM 算法进行改进，发展了非线性 SVM 算法。针对非线性支持向量机算法，主要是通过引入核函数 $K(x,z)$ 和惩罚参数 C，实现非线性的 SVM 模型构造。

同样，构造并求解凸二次规划问题：

$$\min \frac{1}{2}\sum_{i=1}^{N}\sum_{j=1}^{N}\alpha_i\alpha_j y_i y_j K(x_i \cdot x_j) - \sum_{i=1}^{N}\alpha_i \tag{3.12}$$

$$\text{s. t.} \sum_{i=1}^{N}\alpha_i y_i = 0 \tag{3.13}$$

式中，$0\leqslant\alpha_i\leqslant C, i=1,2,3,\cdots,N$。

得到最优解：

$$\alpha^* = (\alpha_1^*, \alpha_2^*, \cdots, \alpha_N^*) \tag{3.14}$$

选择 α^* 的一个分量 α_j^*，满足约束条件 $0\leqslant\alpha_j^*\leqslant C$；

求解：

$$b^* = y_i - \sum_{i=1}^{N}\alpha_i^* y_i K(x_i, x_j) \tag{3.15}$$

得到分类决策函数：

$$f(x) = \operatorname{sign}\left(\sum_{i=1}^{N}\alpha_i^* y_i K(x_i, x_j) + b^*\right) \tag{3.16}$$

目前，常用的核函数有多项式核函数、高斯核函数、线性核函数以及Sigmoid核函数等。由于研究所选取的样本数量客观特征较少，高斯核函数的决策边界多样，所需参数少，适合滑坡易发性分析（Hong et al.，2016），所以本书采用高斯核函数进行SVM模型分析，其函数表达式如下：

$$K(x,z)=\exp\left(-\frac{\| x-z \|^2}{2\sigma^2}\right) \tag{3.17}$$

相应的SVM为高斯径向基函数分类器，此时的决策函数表达式为

$$f(x)=\mathrm{sign}\left(\sum_{i=1}^{N}\alpha_i^* y_i \exp\left(-\frac{\| x-z \|^2}{2\sigma^2}\right)\right) \tag{3.18}$$

3.1.5　初始滑坡易发性评价

按照100m×100m的格网将毕节市地区划分为2394053个单元格，将地理信息数据库中各类致灾因子进行栅格化处理，对每个地表单元赋予相应的致灾因子。利用ArcGIS空间叠加功能，计算滑坡隐患在不同致灾因子中的分布密度，再用信息量模型计算每种致灾因子的信息量值，并对信息量值进行归一化处理，形成各类致灾因子的区域分布图。选择上文识别的2/3滑坡隐患点作为训练数据集，其余1/3滑坡隐患点作为验证数据集，调用Python的scikit-learn库中的支持向量机模型，对12个致灾因子进行权重计算。利用得到的权重，将所有致灾因子的信息量进行栅格代数计算，计算研究区各地表单元的滑坡易发性指标，将结果输出并绘制在ArcGIS中，生成研究区初始的滑坡易发性评价图。栅格的值越高，说明该单元滑坡的易发性越高，利用统计学中常用的自然断点法将评价结果划分为四类：低易发区、中易发区、高易发区、极高易发区。毕节市初始滑坡风险情况如图3.3所示，其中，低易发区占研究区总面积的25.26%；中易发区占研究区总面积的30.21%；高易发区占研究区总面积的40.30%；极高易发区占研究区总面积的4.23%。

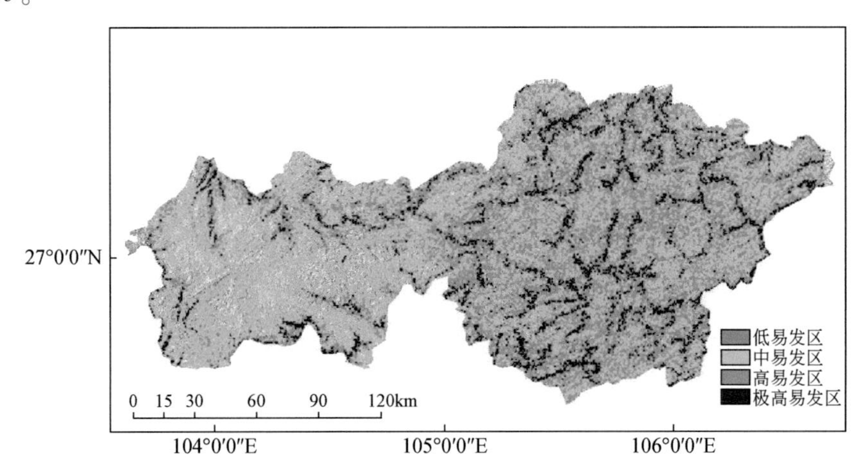

图3.3　SVM模型得到的初始滑坡易发性风险图

3.1.6 初始滑坡易发性评价精度分析

1. 模型精度

在机器学习分类问题中，常用混淆矩阵和 ROC（受试者工作特征）曲线来评估模型评价指标。

1）混淆矩阵精度

混淆矩阵是衡量支持向量机模型精度最基本、最直观、最简单的方法。混淆矩阵精度（ACC）计算公式如下：

$$ACC=\frac{TP+TN}{TP+FP+FN+TN} \tag{3.19}$$

式中，TP 为真阳性；FN 为假阴性；FP 为假阳性；TN 为真阴性。利用验证数据集计算的混淆矩阵模型分类准确率为 77.29%。

2）ROC 曲线

ROC 曲线在 SVM 算法评估中得到广泛应用。ROC 提供了一个曲线图，确定了二分类问题分类器方法性能。对验证数据集，使用混淆矩阵对真阳性率（true positive rate，TPR）及假阳性率（false positive rate，FPR）进行运算。ROC 曲线的垂直轴是 TPR，水平轴是 FPR，图 3.4 展示了 ROC 曲线下区域（area under ROC curve，AUC）的结果，使用验证数据集的 AUC 区域为 0.89，这也说明本书选用的高斯核函数在研究区域具有高精度。

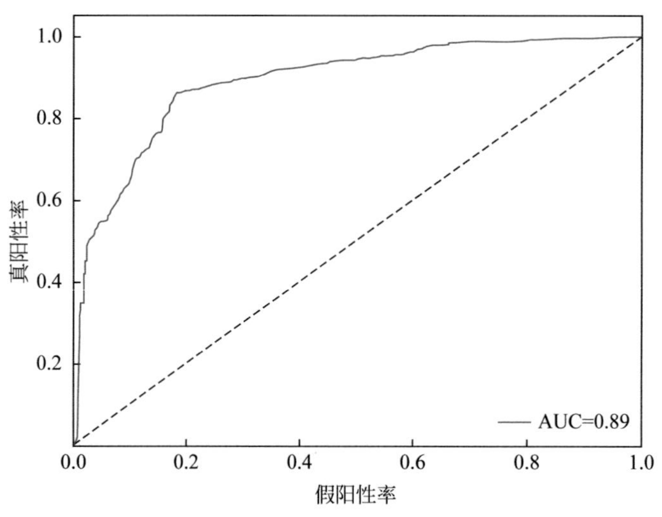

图 3.4 SVM 模型的 ROC 曲线

2. 各评价因子影响

评价因子对模型的贡献也是滑坡分析的重要部分。一般来说，地形、地貌、地质、水文是大多数滑坡易发性模型中被广泛接受的因子。坡度也是滑坡最重要的诱发因素之一。毕节市岩溶地貌广泛分布，导致大量不稳定斜坡的出现，采矿等强烈的人工活动进一步干扰了边坡的稳定性。如图 3.5 所示，大多数滑坡条件变量是采矿扰动、高程和坡度，表明毕节市滑坡的诱发主要是由采矿扰动引起的。此外，在雨季，降雨会引起水通量和土壤饱和，也增加了滑坡易发性。

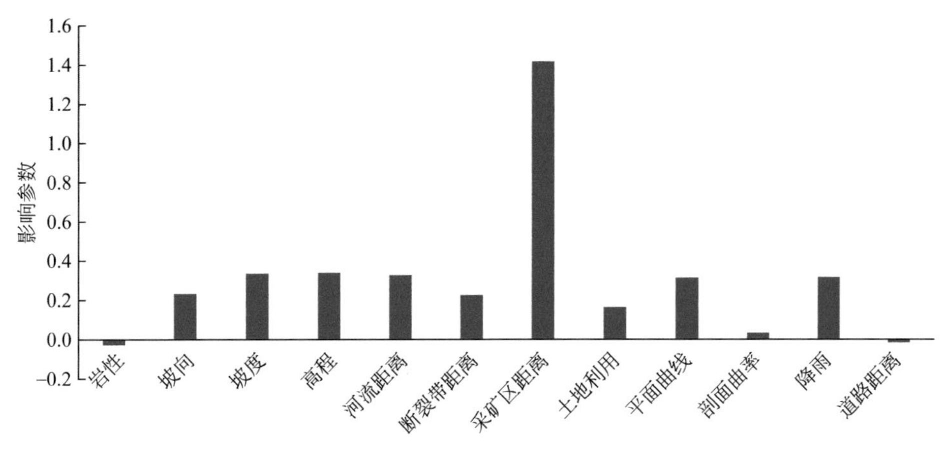

图 3.5　各项评价因子的影响参数

3. 与已知隐患叠加分析

将初始滑坡易发性风险图与调查出的实际滑坡隐患分布图进行叠加，如图 3.6 所示。随着易发性等级的提高，各等级中的滑坡隐患数量逐渐增加，滑坡隐患密度逐渐增大，在毕节市的 1384 处已知滑坡隐患点中，处于极高易发区和高易发区中的比例为 64%。这说明判定的易发性等级与实际情况较吻合，划分结果较理想。

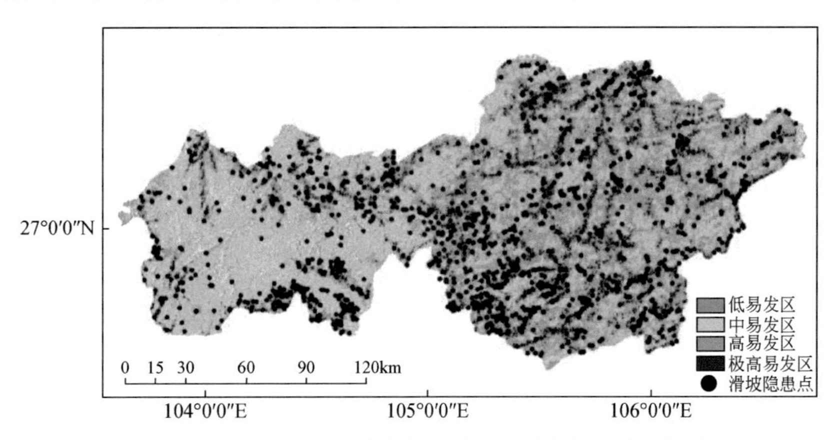

图 3.6　实际滑坡隐患分布与初始滑坡易发性风险叠加图

3.2　引入 MT-InSAR 监测结果更新易发性评价

滑坡是个动态过程，而上述的滑坡易发性评价方法缺少滑坡形变的过程修正，评价效果不理想。特别是研究区矿产资源丰富，人工采矿活动会引起滑坡体不断发生形变，毕节市的喀斯特地貌的特性和茂密的植被，导致这些迹象不够清晰且难以观察，很难通过传统调查手段正确识别。MT-InSAR 技术可以长时间监测大范围滑坡失稳的迹象，同时还可以反映滑坡体上的动态形变，可以通过不断采集更新 SAR 数据持续对滑坡体的变形信息进行更新，可以通过建模与时间序列 InSAR 相结合（Zhang et al., 2020），用周期性的表动态形变情况来更新斜坡的滑坡易发性，从而提高评价的准确性（Shen et al., 2019）。

3.2.1 滑坡易发性更新流程

在获取初始滑坡易发性风险图的基础上，利用第 4 章 MT-InSAR 监测成果进行更新，主要技术方法流程如图 3.7 所示。首先，为获得更大的观测范围，选取多角度升降轨数据融合（Bardi et al., 2014），利用持续监测 5m 分辨率的 RADARSAT-2 升轨影像和 20m 分辨率的 Sentinel-1 A 降轨影像，通过 MT-InSAR 处理方法，完成长时序地表形变数据的监测分析；然后将地表形变数据投影到坡度方向上，计算其形变速率，并将形变速率采样到每个地表单元；最后是数据融合工作，形成校正矩阵，利用周期性的地表形变对初始易发性进行修正，对初始的滑坡易发性风险图进行更新。

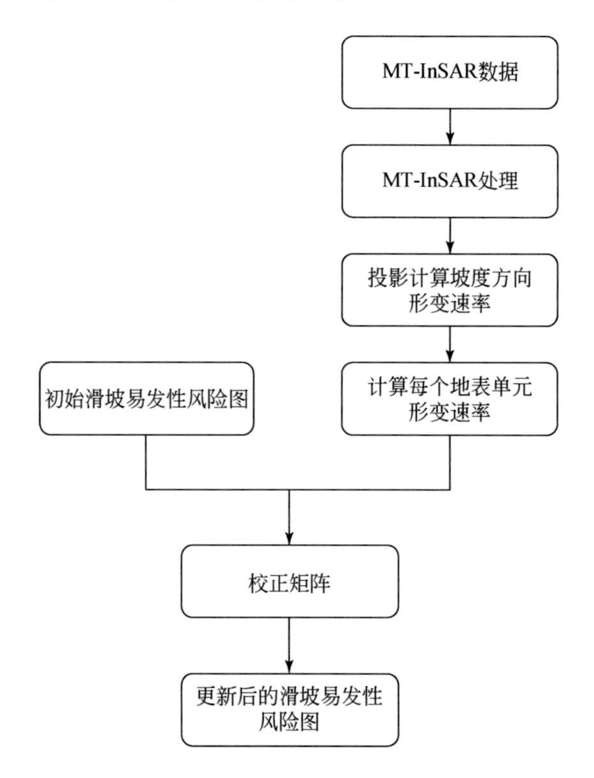

图 3.7 结合 MT-InSAR 监测成果更新滑坡易发性流程

3.2.2 形变速率计算方法

采用第 4 章提到的 2017 ~ 2019 年 RADARSAT-2 和 Sentinel-1 数据集毕节市全区的

MT-InSAR 结果。其中 RADARSAT-2 数据计算出研究区内共有 28666959 个 PS/DS 点，PS/DS 密度为 1067.5 点/km^2；Sentinel-1 数据计算出 4777826 个 PS/DS 点，PS/DS 密度为 177.9 点/km^2。图 3.8 为利用 RADARSAT-2 和 Sentinel-1 数据计算的 PS/DS 点，沿卫星视距的地面形变速度（V_{LOS}）图，说明研究区存在明显的地面持续变形现象（滑坡和沉降），特别是在研究区东南部地区，即毕节市主要煤矿分布区，最大形变速度 V_{LOS} 达到 73.7mm/a。

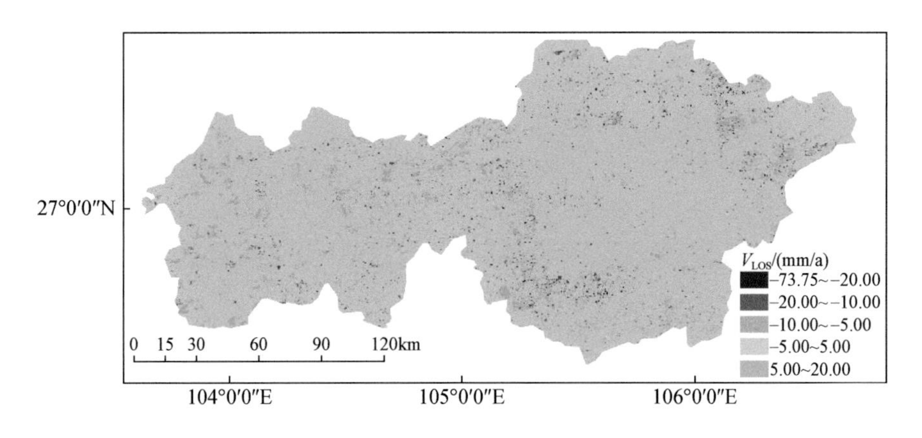

图 3.8　沿卫星视线测量的形变速度 V_{LOS}

为了将 MT-InSAR 得到的形变相位更好地利用到滑坡易发性判定上，根据 Bianchini 等提出的公式（Bianchini et al.，2013；Notti et al.，2014），可以利用 DEM 计算坡度和坡向模型，将沿卫星视线测量的形变速度（V_{LOS}）重新投影到沿斜坡方向的新形变速率（V_{slope}）。

$$H=\cos\alpha \tag{3.20}$$

$$N=\cos(90°-\alpha)\times\cos n \tag{3.21}$$

$$E=\cos(90°-\alpha)\times\cos(90°\pm e) \tag{3.22}$$

$$C=\cos S\times\sin(A-90°)\times N-\cos S\times\cos(A-90°)\times E\}+\sin S\times H \tag{3.23}$$

$$V_{\text{slope}}=V_{\text{LOS}}/C \tag{3.24}$$

式中，α 为卫星成像入射角；n 为正西方向与卫星视线向夹角；e 为正北向与卫星轨道夹角；S 为坡度；A 为坡向；N、E、H 为坐标系数变化系数。

通过地面的几何结构和卫星的形态参数计算 V_{slope}，在得到的形变速率图中，舍弃对于滑坡影响较小的点。根据投影结果，在坡度小于5°的情况下，可视其为平地，滑坡发生的概率很小，同样，形变速率为正的点位，即沿滑坡反方向运动（即向上运动）被视为对于滑坡的产生并没有积极的作用。因此，只投影了坡度大于5°的 PS/DS 点，丢弃了位移速度为正的 PS/DS 点。投影后的沿斜坡方向的地面形变速率分布情况如图 3.9 所示。

由于具有正位移速度的 PS/DS 点以及平坦地区的 PS/DS 点被丢弃，V_{slope} PS/DS 点分布密度（图 3.9）比 V_{LOS} 分布密度（图 3.8）低。从图 3.9 中可以发现产生较大位移的 PS/DS 点基本分布在毕节市东部区域，这与毕节市煤层分布（图 3.10）所在地区一致。

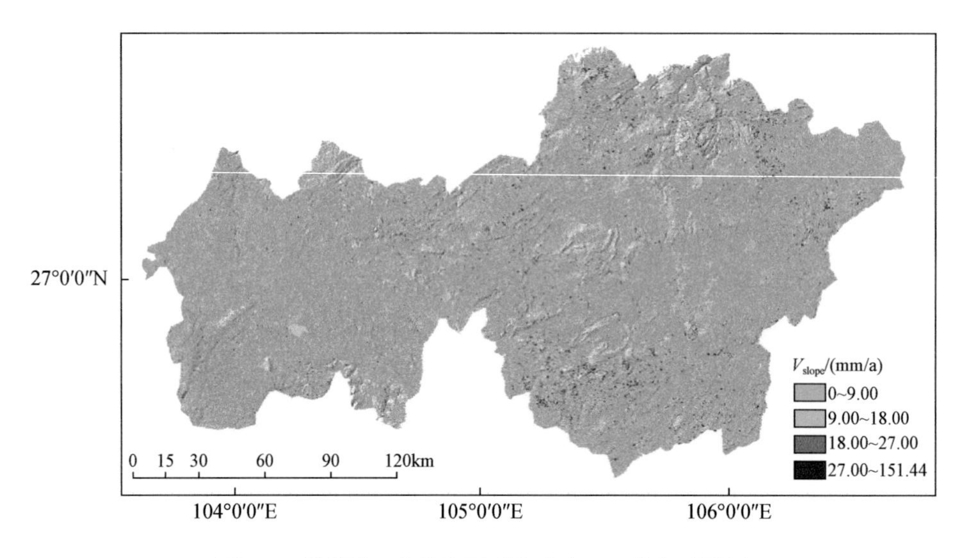

图 3.9 沿斜坡方向的地面形变速率 V_{slope} 分布情况图

图 3.10 毕节市煤层分布情况

3.2.3 滑坡易发性更新方法

通过将滑坡易发性和每个地表单元（100m×100m）的形变速率相耦合来实现滑坡易发性结果更新，利用地表单元中至少四个 PS/DS 点的平均形变速度来对该地表单元的滑坡易发性进行分级。考虑到 MT-InSAR 数据集速度的标准差，本节选择了 0 ~ 9mm/a 的形变速率作为滑坡稳定的阈值，将该区域的形变速率（V_{slope}）分为四个等级：低变形（0 ~ 9mm/a）、中等变形（9 ~ 18mm/a）、高变形（18 ~ 27mm/a）和极高变形（>27mm/a）。将每个 PS/DS 点上的平均坡向形变速率（V_{slope}）重新采样到所在地表单元的V_{slope}，平均V_{slope}不再与单个 PS/DS 点相关，而是代表该区域的整体形变趋势。巨大的地表形变往往是滑坡发生的先兆，所以V_{slope}的大小可以表示该单元在动态变化下的滑坡易发性大小。如表 3.1 所示，滑坡敏感度（LSM）为 1 的区域随着V_{slope}的增加，其校正值可以为 0、+1、+2 或+3，LSM 为 2 和 3 的同样进行校正，而 LSM 为 4 的区域则不变化。基于上述方法，利用校正矩阵可以将 MT-InSAR 结果和初始滑坡易发性风险图结果合并。

表 3.1　V_{slope}的滑坡易发性风险图校正矩阵

敏感度（LSM）	V_{slope}			
	0 ~ 9/(mm/a)	9 ~ 18/(mm/a)	18 ~ 27/(mm/a)	>27/(mm/a)
1	0	+1	+2	+3
2	0	0	+1	+2
3	0	0	0	+1
4	0	0	0	0

3.2.4　更新后的易发性结果

根据覆盖研究区的 2394053 个地表单元各自的形变速率生成研究区的地面形变速率图，利用校正矩阵对初始的滑坡易发性风险图（图 3.3）进行更新，结果如图 3.11 所示。更新后的四个易发性水平（从低到高）显示出明显变化，更新后低易发区的百分比为 14.33%，中易发区的百分比为 33.25%，高易发区的百分比为 45.87%，极高易发区的百分比为 6.55%。

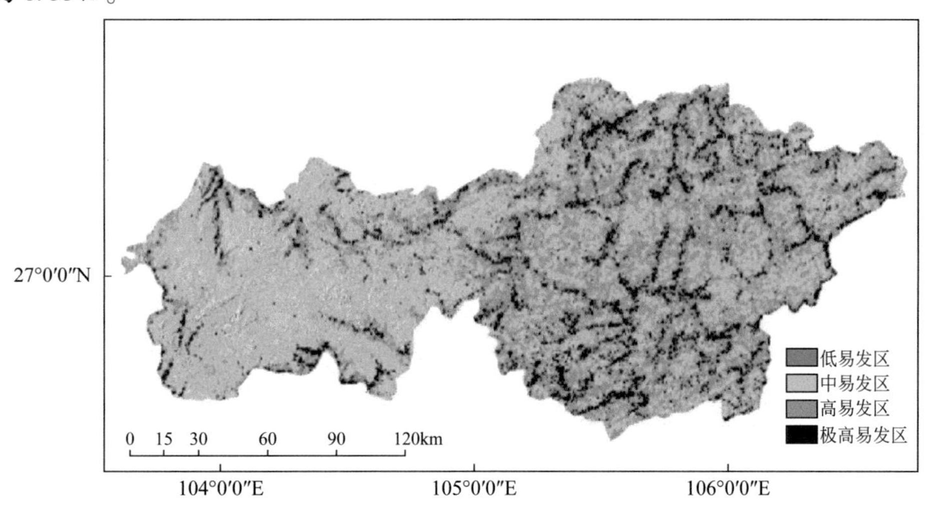

图 3.11　校正矩阵更新后的滑坡易发性风险图

如图3.12所示，与更新之前相比，校正后的滑坡易发性风险图呈现出低易发区域面积减少，高易发区域面积增大的特点，研究区高易发等级增加区域面积为56.41km^2。

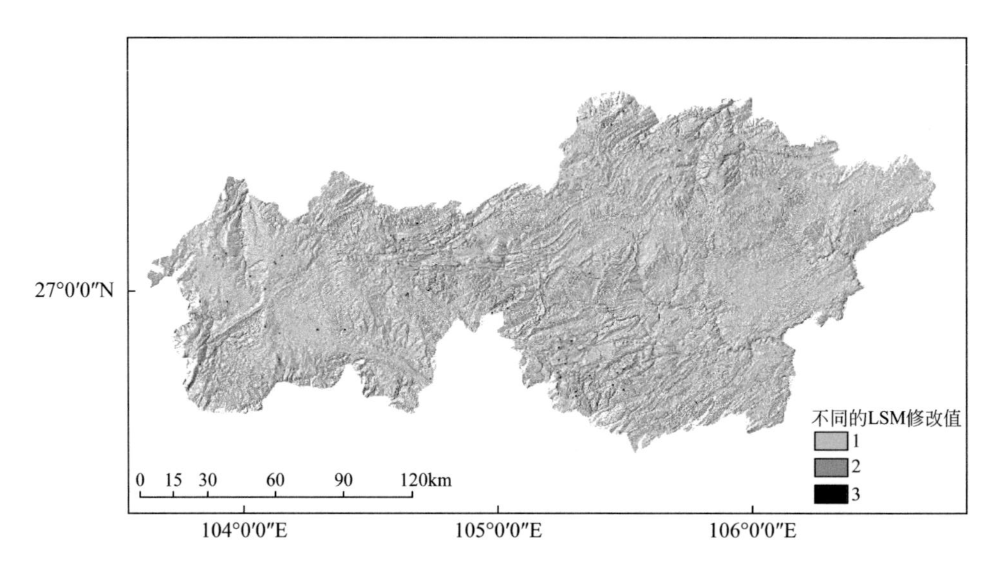

图3.12 应用校正矩阵前后LSM的差度图

3.3 结果对比分析

本节将对初始易发性风险图和更新后的易发性风险图进行对比分析，评判利用MT-InSAR监测结果修正后的效果。

将更新后的滑坡易发性风险图与研究区1384处已知地质灾害隐患点进行叠加（图3.13），已知滑坡隐患处于极高易发区和高易发区的所占比例由更新前的64%提高到69%，符合实际情况，因此更新后的结果更准确。

选择毕节市纳雍县鬃岭镇的典型滑坡体实例对利用MT-InSAR更新后滑坡易发性评价效果进行验证。

鬃岭位于毕节市东部，北依马鬃岭山，因其形如马鬃而得名。煤矿作为鬃岭镇的主要支柱产业，全镇有4家大型煤矿企业，拥有21个矿区。该区域有很长的煤矿开采历史，加之经济飞速发展，开采作业极为频繁。密集的煤矿开采活动已经造成马鬃岭南坡至少发生8起缓慢移动的山体滑坡。在现场调查中，发现了一些与滑坡有关的现象，如墙体开裂、岩石开裂等，说明滑坡区处于活动状态。其中，最大的滑坡面积达18.968万m^2。根据SVM模型预测，位于最大滑坡影响区的大多数地表单元表现出高或极高的易发性，且MT-InSAR监测结果证实，该区域内最大的滑坡体仍在活动，滑坡形变速率大于30cm/a。在这种情况下，利用校正矩阵可以周期性更新整个滑坡区域的滑坡易发性风险图。在MT-InSAR结果中增加了受地表变形影响的区域，如此，可以在地理信息库中添加滑坡目录

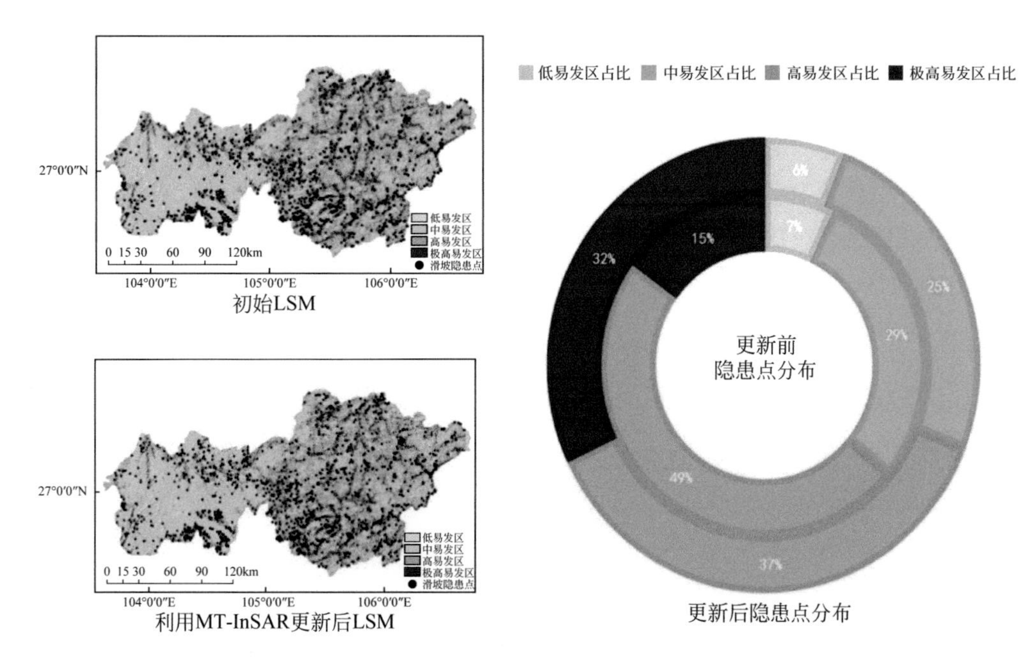

图 3.13　易发性风险图更新前后隐患点分布对比

图，并延长滑坡最大的边界。新的滑坡易发性风险图（图 3.14）考虑 MT-InSAR 图中突出显示的受地面变形影响的区域，对一些新增和持续形变的滑坡具有更高的敏感性。

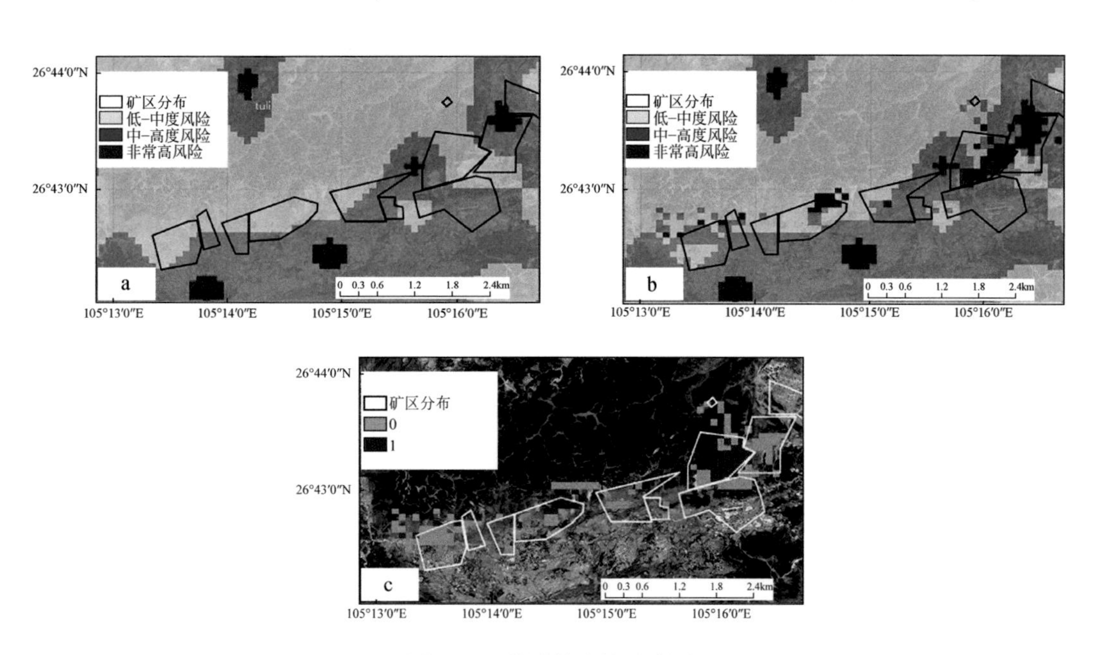

图 3.14　滑坡易发性风险图

a. 鬃岭镇原始滑坡易发性风险图；b. 修正后的滑坡易发性风险图；c. 新滑坡易发性风险图的修正值图

综合来看，降雨和采矿活动是该地区滑坡发生最重要的诱因。该区域的地质岩性软弱，大量为含煤地层，煤矿开采活动导致地面沉降和地面裂缝的发生，沉降变形会改变山体应力诱发滑坡。图 3. 14c 中的框架边界代表煤层分布区，滑坡主要发生在这些区域。

如图 3. 15 所示，选择 ABC 三个片区来说明降雨和强烈的采矿活动对研究区滑坡易发性的影响。降雨是季节性变化的，会引起滑坡季节性变形，如图 3. 16 所示，A 区域雨季（5 ~ 10 月）地表变形与降雨量呈正相关关系。但在旱季（11 月至次年 3 月），变形与降雨量之间没有明显的对应关系，2017 年 11 月至 2018 年 3 月，降雨量很低，但 A 区域形变速度高达 0. 6mm/d，这表明有降雨以外的因素影响地表变形。根据支持向量机模型中选取的致灾因子，一些因子是静态的，即相对稳定的，如岩性和坡度，这些因素一般不随季节和人工活动变化而剧烈变化。那么，这种异常的主要诱发因素就可能是剧烈的采矿活动，

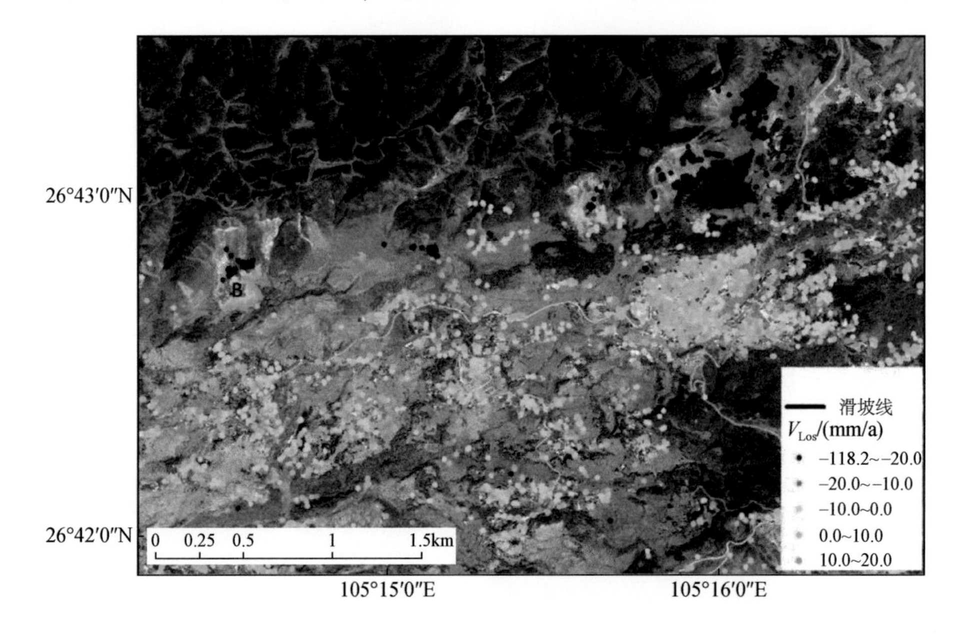

图 3. 15 鬃岭地区的 MT-InSAR 监测结果

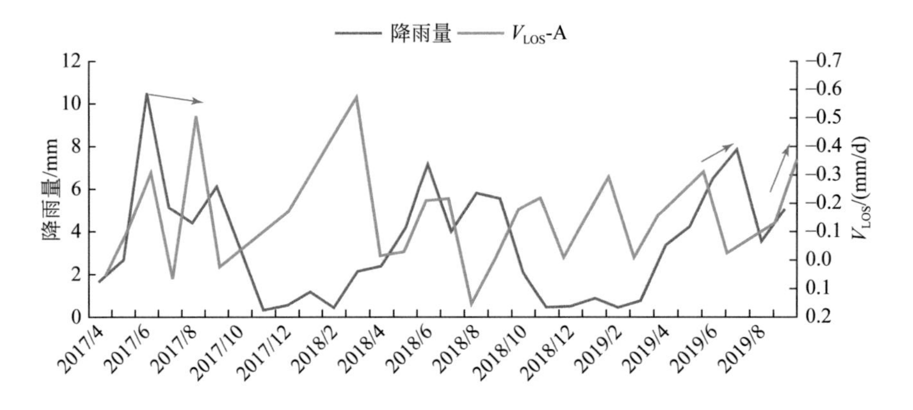

图 3. 16 A 区形变速度与降雨量之间的关系

煤矿开采对地表变形具有动态、连续的影响。同样，对鬃岭滑坡带上选取的另外两个片区（B 和 C）进行考察，发现 B 区和 C 区的趋势与 A 区相同（图 3.17），说明整个滑坡带都具有一致的趋势。鬃岭地区的实际情况可以说明利用 MT-InSAR 结果周期性更新滑坡易发性风险图具有必要性。

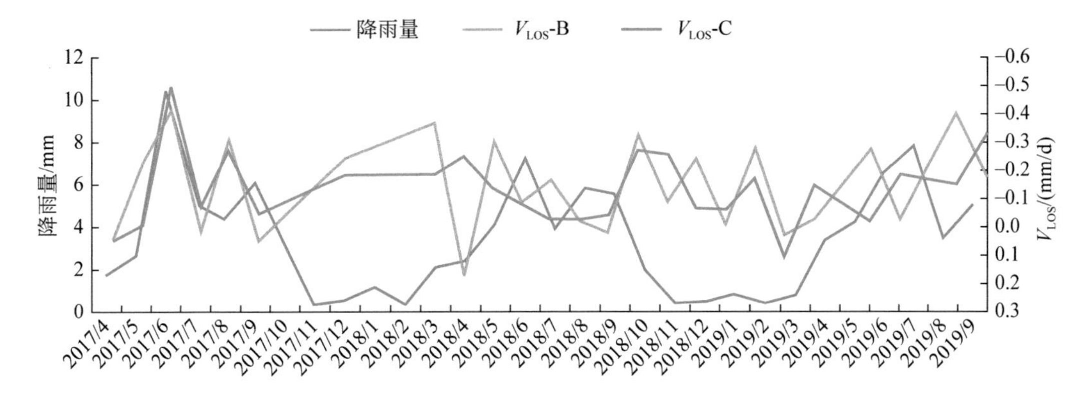

图 3.17　B 区和 C 区形变速度与降雨量之间的关系

3.4　成 效 验 证

接下来将通过实际发生的滑坡实例验证本书生成的滑坡易发性风险图的可靠性。从贵州省地质灾害应急技术指导中心收集 2018～2019 年毕节市实际发生滑坡灾害，与本书生成的滑坡风险等级图进行叠加分析（图 3.18）。如表 3.2 所示，2018～2019 年研究区总共发生滑坡灾害 11 起，其中 5 起位于本书判定的极高风险区，4 起位于本书判定的高风险

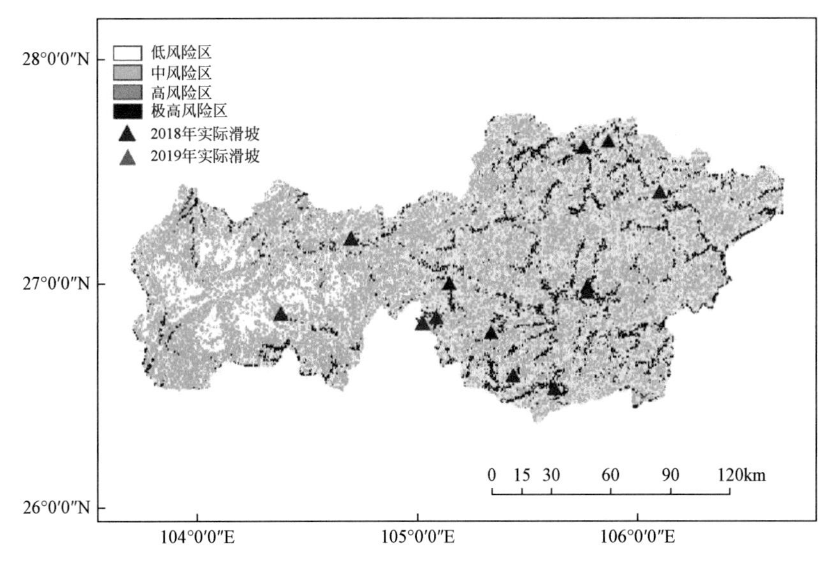

图 3.18　2018～2019 年毕节市实际发生滑坡灾害与滑坡风险等级叠加图

区，2 起位于本书判定的中风险区。通过实际发生的滑坡验证，本书的判定方法可靠性较高，可为相关部门开展滑坡预警和科学防治提供指导。

表 3.2 2018～2019 年毕节市滑坡灾害一览表

序号	发生时间	事发地	经度 E	纬度 N	风险判定等级区域
1	2019 年 6 月 12 日 8 点 00 分	大方县黄泥塘镇魁书村大沟组	105°46′42″	26°57′49″	极高风险
2	2019 年 7 月 7 日 4 点 30 分	金沙县马路乡木落村桐梓林组	106°52′23″	27°38′05″	中风险
3	2019 年 7 月 7 日 5 点 30 分	七星关区龙场营镇元岩村堡上组	105°45′42″	27°36′34″	高风险
4	2019 年 7 月 25 日 15 点 15 分	纳雍县左鸠戛乡先锋村场坝组	105°01′33″	26°49′27″	高风险
5	2019 年 7 月 20 日 19 点 20 分	威宁县盐仓镇营洞村一组	104°22′45″	26°52′05″	极高风险
6	2019 年 8 月 7 日 00 点 10 分	纳雍县昆寨乡金珠村上寨组	105°05′14″	26°50′59″	极高风险
7	2018 年 6 月 22 日 5 点 33 分	大方县黄泥塘镇背座村台等组	105°46′35″	26°59′15″	极高风险
8	2018 年 7 月 7 日 11 点 20 分	纳雍县雍熙街道复兴社区云头组	105°20′16″	26°46′54″	中风险
9	2018 年 7 月 7 日 2 点 30 分	纳雍县姑开乡高山村沟边组	105°08′52″	27°00′2″	极高风险
10	2018 年 7 月 7 日 4 点 30 分	金沙县马路乡木落村桐梓林组	105°52′23″	27°38′05″	高风险
11	2018 年 7 月 7 日 5 点 30 分	七星关区龙场营镇元岩村堡上组	105°45′42″	27°36′34″	高风险

3.5 本章小节

本章首先介绍了初始滑坡易发性评价方法，根据滑坡隐患分布情况，利用 GIS 对研究区内滑坡影响因素进行分析，选取了道路距离、采矿区距离、土地利用、高程、坡度、坡向、平面曲率、剖面曲率、河流距离、降雨、岩性、断裂带距离 12 种评价指标，利用信息量法计算了每种指标下各类别的信息量值，通过 SVM 模型进行易发性评价，将评价结果划分为低易发区、中易发区、高易发区、极高易发区四个等级，并绘制了各指标的易发性风险图。然后针对初始易发性评价缺少过程修正的问题，提出引入 MT-InSAR 监测成果，通过计算滑坡形变速率，建立校正矩阵对滑坡易发性风险图进行周期性动态更新。最后通过对比分析，论证了 MT-InSAR 更新易发性评价结果的准确度。研究表明利用滑坡隐患分布数据结合地质环境条件和人类工程活动等因素，可开展滑坡易发性评价；引入 InSAR 地表形变监测数据对评价结果进行修正，可进一步提高滑坡易发性评价准确性。

参考文献

刘朋辉，魏迎奇，杨昭冬，2007. 贵州印江岩口滑坡过程的数值模拟分析 . 中国水利水电科学研究院学报，5（2）：115-120.

冉菊华，钟有萍，2000. 印江“9·18”特大山体滑坡与暴雨的关系 . 贵州气象，24（6）：33-34.

苏泽志，苏宁，2013. 贵州山体滑坡与防护研究 . 贵州大学学报（自然科学版），30（3）：137-140.

童立强，张晓坤，李曼，等，2010.“6·28”关岭滑坡特大地质灾害应急遥感调查研究 . 国土资源遥感，（3）：65-68.

许强，2020a. 对地质灾害隐患早期识别相关问题的认识与思考．武汉大学学报（信息科学版），1-11.
许强，2020b. 对滑坡监测预警相关问题的认识与思考．工程地质学报，28（2）：360-374.
殷坤龙，2010. 滑坡灾害风险分析．北京：科学出版社．
殷坤龙，朱良峰，2001. 滑坡灾害空间区划及GIS应用研究．地学前缘，8（2）：279-284.
Bardi F，Frodella W，Ciampalini A，et al.，2014. Integration between ground based and satellite SAR data in landslide mapping：The San Fratello case study. Geomorphology，223：45-60.
Bianchini S，Gerardo H，Rosa M，et al.，2013. Landslide activity maps generation by means of persistent scatterer interferometry. Remote Sensing，5（12）：6198-6222.
Carrara A，Cardinali M，Detti R，et al.，1991. GIS techniques and statistical models in evaluating landslide hazard. Earth Surface Processes and Landforms，16（5）：427-445.
Hong H，Pradhan B，Jebur M N，et al.，2016. Spatial prediction of landslide hazard at the Luxi area（China）using support vector machines. Environmental Earth Sciences，75（1）：1-14.
Huang Y，Zhao L，2018. Review on landslide susceptibility mapping using support vector machines. Catena，165：520-529.
Lu Z，Dzurisin D，2014. Recent advances in InSAR image processing and analysis. InSAR Imaging of Aleutian Volcanoes，35-48.
Lu Z，Mann D，Freymueller J T，et al.，2000. Synthetic aperture radar interferometry of Okmok volcano，Alaska：Radar observations. Journal of Geophysical Research Solid Earth，105（B5）：10791-10806.
Lu Z，Patrick M，Fielding E J，et al.，2003. Lava volume from the 1997 eruption of Okmok volcano，Alaska，estimated from spaceborne and airborne interferometric synthetic aperture radar. IEEE Transactions on Geoscience and Remote Sensing，41（6）：1428-1436.
Notti D，Herrera G，Bianchini S，et al.，2014. A methodology for improving landslide PSI data analysis. International Journal of Remote Sensing，35（5-6）：2186-2214.
Pavel M，Nelson J D，Fannin R J，2011. An analysis of landslide susceptibility zonation using a subjective geomorphic mapping and existing landslides. Computers & Geosciences，37（4）：554-566.
Pradhan B，2013. A comparative study on the predictive ability of the decision tree，support vector machine and neuro-fuzzy models in landslide susceptibility mapping using GIS. Computers & Geosciences，51（2）：350-365.
Shen C，Feng Z，Xie C，et al.，2019. Refinement of landslide susceptibility map using persistent scatterer interferometry in areas of intense mining activities in the karst region of southwest China. Remote Sensing，11（23）：2821.
Zhang Y，Meng X M，Dijkstra T A，et al.，2020. Forecasting the magnitude of potential landslides based on InSAR techniques. Remote Sensing of Environment，241：111-738.

第4章　输电通道滑坡隐患识别

4.1　研究区概况

本章选取位于三峡库区的湖北盘龙输电通道巴东段（定义为区域1）及山西输电通道左潞Ⅱ线段（定义为区域2）两个研究区域，具体情况如下。

1. 区域1——湖北盘龙输电通道巴东段

湖北省地处我国的第二级阶地，西部与正在继续隆升的青藏高原东部地区接壤。第二阶梯的形成过程亦未终结，鄂西山地对江汉平原的相对隆升也还没有停止，长江三峡库区仍位于壳幔均衡调整阶段的新构造隆升地带。正是这种构造运动背景，才形成了三峡地区高山深谷的地形，而特有的深部构造背景决定了它是一个重力地质作用异常活跃、崩滑地质灾害频发的地区。

在湖北省西部地区，尤其是三峡库区，广泛分布着不同地质时期形成的以碳酸盐岩为主的脆性岩层和由砂页岩、泥岩、煤系地层等组成的塑性层，呈单一岩类或两种互层，有上脆下塑或上塑下脆等多种配套组构。一般脆性层坚硬，常沿裂隙、断裂形成陡崖峡谷，边坡以岩崩为主；塑性层形成缓坡宽谷，以滑坍形变和泥石流为主。总之，库区广布的中-上三叠统至侏罗系砂岩、泥岩，强度较低，易风化，遇水易软化、泥化；岩层经受一定的构造破坏；近期地壳以隆起作用为主，侵蚀作用强烈，有较多江河沟谷切割。这些为斜坡体滑坡、崩塌等的形成提供了物质基础条件。

湖北省属于亚热带季风性湿润气候，降雨充沛。各地平均降水量在750～1600mm。全省有两个多雨区，即鄂东南多雨区和鄂西南多雨区，降雨量均在1300～1600mm；鄂西北是少雨区，降雨量在900mm以下。降雨主要集中在夏季，且多暴雨。降雨充沛且多暴雨的特点作用在复杂的地质地貌孕灾基底上（区内碳酸盐岩所受溶蚀作用甚强），且又叠加有强烈的淋溶作用，使原有构造裂隙扩展，拓宽加剧。山体边坡多呈危岩耸立；砂页岩则遭强烈风化，松散土层甚厚，易遭水流侵蚀冲刷形成滑坍泥石流灾害。

湖北盘龙一线巴东段主要途经湖北省西南部，地形起伏较大，经纬度范围为30°59′54″N～31°41′51″N，110°17′15″E～110°25′54″E。区域范围约为31km²，覆盖范围如图4.1所示。

研究区位于巴东县境内，长江上游，三峡库区的首段。境内整体地势西高东低，山脉众多，有大巴山脉、巫山山脉及武陵山余脉经过，是典型的山原地貌，地形起伏较大，高差约为2900m，山高谷深，地质灾害频发。

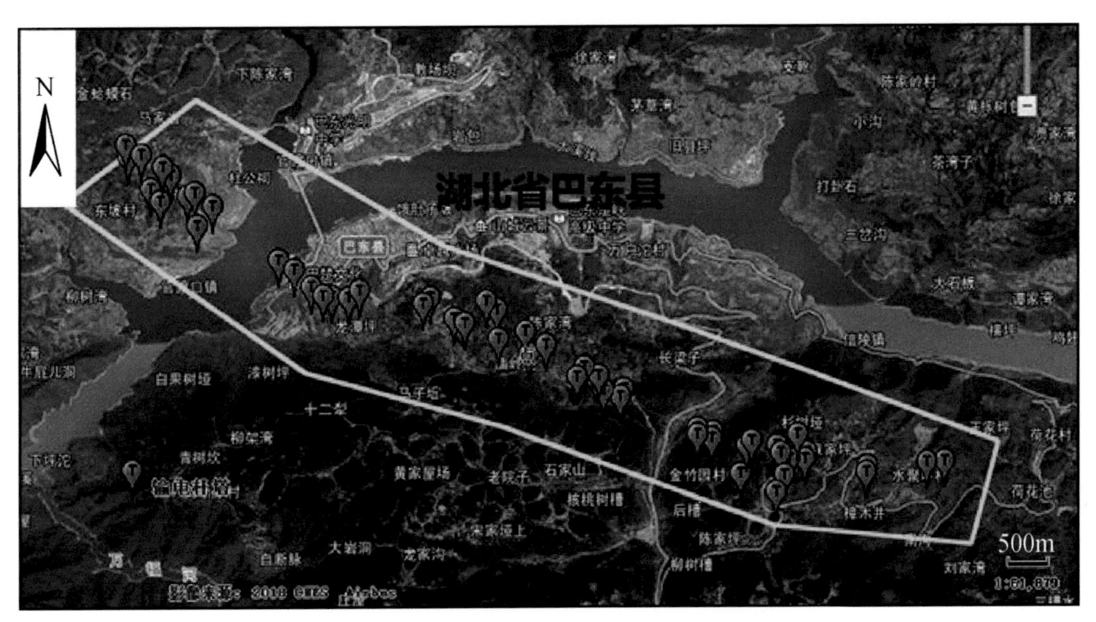

图 4.1　湖北盘龙输电通道巴东段影像覆盖范围

2. 区域 2——山西输电通道左潞Ⅱ线段

山西省地势呈东北斜向西南的平行四边形，是典型的被黄土覆盖的山地高原，地势东北高西南低。高原内部起伏不平，河谷纵横，地貌有山地、丘陵、高原、盆地、台地、平原等，其中山地、丘陵占 80%，高原、盆地、台地等平川河谷占 20%。大部分地区海拔在 1000m 以上，与其东部的华北大平原相对比，呈现出强烈的隆起形势。

山西省地跨黄河、海河两大水系，河流属于自产外流型水系。山西省地处中纬度地带的内陆，在气候类型上属于温带大陆性季风气候。由于太阳辐射、季风环流和其他地理因素的影响，山西气候具有四季分明、雨热同步、光照充足、南北气候差异显著、冬夏气温悬殊、昼夜温差大的特点。山西省各地年平均气温介于 4.2 ~ 14.2℃，总体分布趋势为由北向南升高，由盆地向高山降低；全省各地年降水量介于 358 ~ 621mm，季节分布不均，夏季6 ~ 8 月降水相对集中，约占全年降水量的 60%，且省内降水分布受地形影响较大。

山西左潞Ⅱ线经纬度范围为 36°40′25″N ~ 36°52′45″N，112°56′34″E ~ 113°23′5″E，有矿区，主要途经介休市、长治市、霍州市等地级市以及平遥县、左权县、沁源县等县城，位于山西省中南部，地处华北西部的黄土高原东翼，地貌从总体来看是一个被黄土广泛覆盖的山地高原，重峦叠嶂，丘陵起伏，沟壑纵横，地貌类型复杂多样，有山地、丘陵、高原、盆地、台地等，其中山地、丘陵居多，高原、盆地、台地等较少。汾河、沁河横过境内，绵山等雄峰屹立于此，研究区目标杆塔卫星影像覆盖范围如图 4.2 所示。

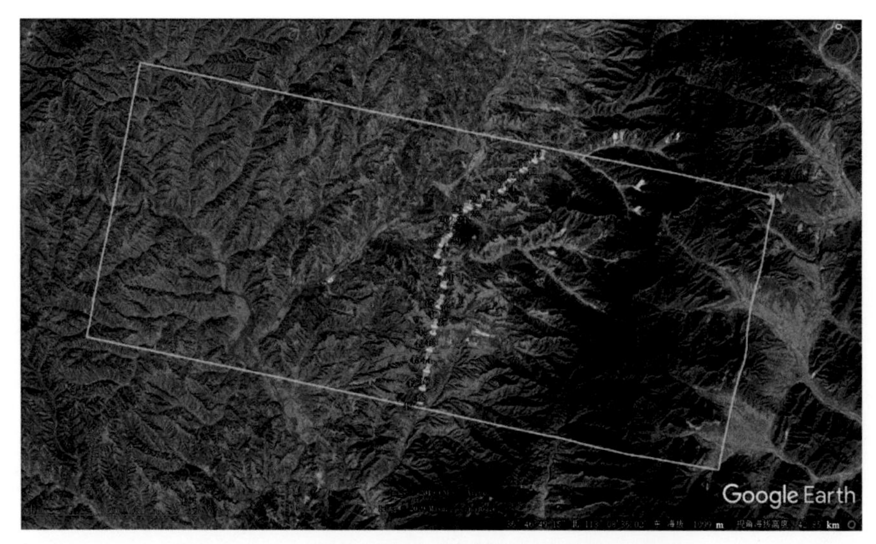

图 4.2 山西输电通道左潞Ⅱ线段影像覆盖范围

4.2 实验数据

4.2.1 数据源与适用性分析

1. 数据源介绍

本章节输电通道滑坡隐患识别主要采用 L 波段 ALOS-2 PALSAR 和 C 波段 RADARSAT-2 雷达卫星数据。ALOS-2 卫星是继 ALOS 之后搭载 PALSAR 微波传感器的遥感卫星，于 2014 年 5 月 24 日由日本宇宙航空研究开发机构（JAXA）发射升空，是主要用于地形测绘、高程测量、灾害监测、环境资源调查的新一代高分辨率对地观测卫星。ALOS-2 延续了上一代 ALOS 卫星的性能和应用领域，并在 ALOS 的基础上增强了对地观测性能，使得其获取的影像覆盖范围更大、精度更高、细节更丰富。ALOS-2 卫星作为长波段雷达遥感卫星能够为地质灾害监测和资源环境调查等方面提供更可靠的基础数据。表 4.1 为 ALOS-2 PALSAR 雷达卫星的参数。

表 4.1 ALOS-2 PALSAR 雷达卫星相关参数

参数名称	参数值
轨道高度/km	628
轨道重复周期/d	14
极化方式	单极化、双极化、全极化、紧致极化（实验模式）
频率/GHz	1.2

续表

参数名称	参数值
轨道倾角/(°)	97.9
轨道类型	太阳同步轨道
侧视方向	左右侧视

RADARSAT-2 是 C 波段雷达卫星，由加拿大航天局和 MacDonald Dettwiler（MDA 公司）联合资助建成，是 RADARSAT-1 的后继星，由 MDA 公司负责其运营、维护及全球的分发管理等。RADARSAT-2 几乎保留了 RADARSAT-1 的所有优点，并采用更先进的技术。RADARSAT-2 采用多极化工作模式，大大增加可识别地物或目标的类别，可为用户提供1～100m 分辨率、幅宽 8～500km 范围的雷达数据，在原有水平极化（HH）的基础上增加了垂直极化（VV）和正交极化（HV 或 VH），4 种极化模式可提供全面的极化数值设定。

RADARSAT-2 对于小面积更精细的目标检测、识别，可以获取最大有效信息，改进地物识别、变化监测及分类的能力，在矿区监测、林业等方面应用更为有效（表 4.2）。新增五种宽模式影像模式，单次成像面积增大，对于大面积的监测更为有效，提高了对目标区域的重访频率和监测效率。在应急响应事件中，尽可能快速地提供影像获取，以满足处理紧急情况的需要，对于灾害监测等突发事态处理有较好的帮助。

表 4.2　RADARSAT-2 相关参数

参数名称	参数值
轨道高度/km	798
轨道重复周期/d	24
极化方式	单极化、双极化、全极化
频率/GHz	5.405
轨道倾角/(°)	98.6
轨道类型	太阳同步轨道
侧视方向	左右侧视

2. 数据适用性分析

根据各雷达波段的特性，分析对于复杂山区滑坡形变监测的适用性，并结合监测区的具体情况可得到如下结论。

监测区植被覆盖茂密，X、C 短波波段无法穿透植被，会接收来自植被的回波信号，由风、雨等外部因素造成的植被冠层形态变化会造成严重的干涉失相干，干涉条纹图质量较差，对于干涉解译来说非常困难；另外，由于监测区气候湿润，多云多雨，空气中水汽含量较大，需要对植被和云雾穿透性较好的雷达波段，因此 L 波段卫星数据最适合于研究区滑坡监测。

L 波段 SAR 波长为 23.6cm，由于波长相对较长，其在多云多雨且植被覆盖茂密的区域中具有独特的地质灾害监测优势。

多云多雨的区域，大气层中水汽含量较大，会造成雷达电磁波在大气层中传播过程中的路径延迟，两次观测中的传播延迟的差异会影响获得高程的精度。由于大气延迟与雷达波长成反比，即波长越长则大气延迟的影响越小，故而相对于波长为5.6cm的C波段数据，ALOS-2 PALSAR受到的大气延迟影响要相对小很多。

波长越长，对植被的穿透能力也就越强，L波段数据的回波主要来自植被的茎秆层，而C波段的回波主要来自植被的叶片层。因为叶片层相对于茎秆层更加容易随时间发生变化，所以L波段的数据在植被覆盖茂密的区域能够在较长时间保持较高的相干性，开展地表形变的分析工作。

4.2.2 数据获取情况

1. 区域1——湖北盘龙输电通道巴东段

本书获取湖北盘龙输电通道巴东段ALOS-2研究数据，完全覆盖研究区域，以每固定周期稳定获取数据保证研究区稳定性监测，数据获取情况如图4.3所示。

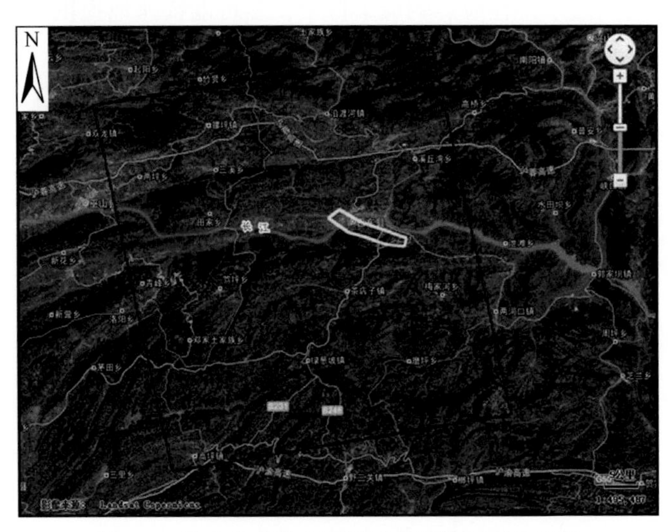

图4.3 湖北盘龙输电通道巴东段数据覆盖情况

研究区域1——湖北盘龙输电通道巴东段共获取22景3m分辨率升轨的ALOS-2数据，FBS模式，HH极化，入射角为32.4°，幅宽是50km×56km。图4.3为其整景影像的覆盖范围。

表4.3为22景影像的基线信息。

表4.3 研究区域1ALOS-2影像基线信息

序号	参考影像	副影像	垂直基线/m	时间基线/d
1	20161010	20160815	-29.9906	-56
2	20161010	20160829	-124.7767	-42

续表

序号	参考影像	副影像	垂直基线/m	时间基线/d
3	20161010	20160912	45.2327	-28
4	20161010	20160926	49.2494	-14
5	20161010	20161010	0	0
6	20161010	20161024	43.0582	14
7	20161010	20161219	-33.6037	70
8	20161010	20170130	-31.0691	112
9	20161010	20170213	-108.9726	126
10	20161010	20170227	-12.0911	140
11	20161010	20170313	-118.7962	154
12	20161010	20170327	129.8995	168
13	20161010	20170410	-98.8275	182
14	20161010	20170424	98.1867	196
15	20161010	20170508	-144.4543	210
16	20161010	20170522	-26.9517	224
17	20161010	20170605	10.8165	238
18	20161010	20170814	55.3805	308
19	20161010	20170828	129.6763	322
20	20161010	20170911	110.1333	336
21	20161010	20170925	49.1876	350
22	20161010	20171009	44.2367	364

2. 区域2——山西输电通道左潞Ⅱ线段

地方监测数据源采用5m高分辨率的RADARSAT-2影像，利用PS-InSAR技术对山西省左潞Ⅱ线输电通道开展沉降监测，监测时间为2018～2019年，监测周期为2018年3月12日至2019年7月5日共15期，时间基线最长为192天，最短则只有24天。拍摄模式为条带模式，轨道模式为降轨模式，极化方式为VV，中心下视角为27.66°，选取2018年11月7日的影像为主影像，组成15幅差分干涉序列像对，影像序列对信息如表4.4所示。

表4.4　研究区域2影像序列对信息表

序号	数据源	区域名称	主影像	参考影像	垂直基线/m	时间基线/d
1	RADARSAT-2	山西	20181107	20180312	-102.162	-239
2	RADARSAT-2	山西	20181107	20180405	-53.891	-215
3	RADARSAT-2	山西	20181107	20180429	30.670	-191
4	RADARSAT-2	山西	20181107	20180523	-8.168	-167
5	RADARSAT-2	山西	20181107	20180616	284.517	-143

续表

序号	数据源	区域名称	主影像	参考影像	垂直基线/m	时间基线/d
6	RADARSAT-2	山西	20181107	20180710	220. 015	-119
7	RADARSAT-2	山西	20181107	20180803	-1. 514	-95
8	RADARSAT-2	山西	20181107	20180827	7. 831	-71
9	RADARSAT-2	山西	20181107	20180920	-137. 104	-47
10	RADARSAT-2	山西	20181107	20181107	0	0
11	RADARSAT-2	山西	20181107	20181225	-159. 075	47
12	RADARSAT-2	山西	20181107	20190307	-47. 275	119
13	RADARSAT-2	山西	20181107	20190518	81. 347	191
14	RADARSAT-2	山西	20181107	20190611	140. 268	215
15	RADARSAT-2	山西	20181107	20190705	128. 868	239

4. 3　输电通道滑坡监测结果

4. 3. 1　差分干涉测量滑坡监测结果

差分干涉图是影像的时间序列分析的基础，对研究区需要首先对原始影像数据进行干涉测量处理，这里利用 D-InSAR 差分干涉处理技术生成差分干涉图，并利用差分干涉处理得到的差分干涉图初步识别与监测输电通道内的滑坡隐患体。图 4. 4 为区域 1（以 2016 年 10 月 10 日与 2017 年 4 月 10 日两影像差分为例）的差分干涉图和相干图。

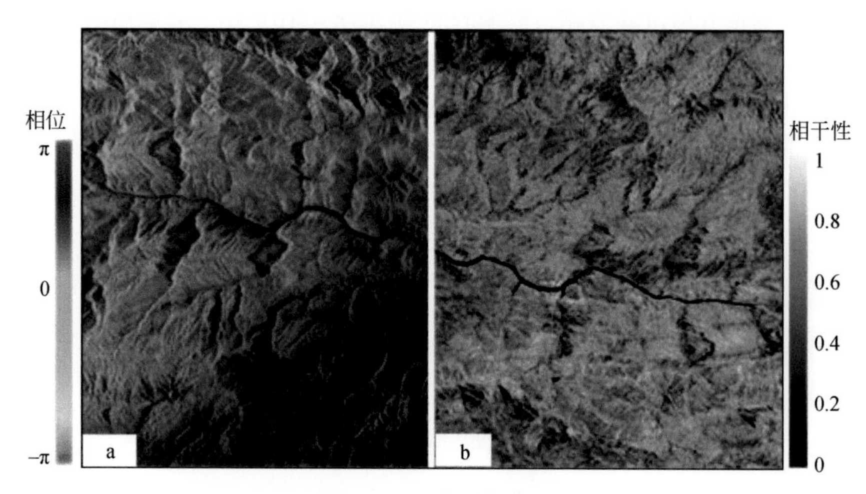

图 4. 4　区域 1 结果图

a. 差分干涉图；b. 相干图

根据差分干涉图结果，通过目视判读和机器解译相结合判断识别出在影像覆盖区发生明显形变的滑坡隐患体，通过解译判读，我们在区域 1 发现多处明显形变点，图 4.5 为在干涉图中发现的集中形变区域及在 Google Earth 上的实际对照地点。

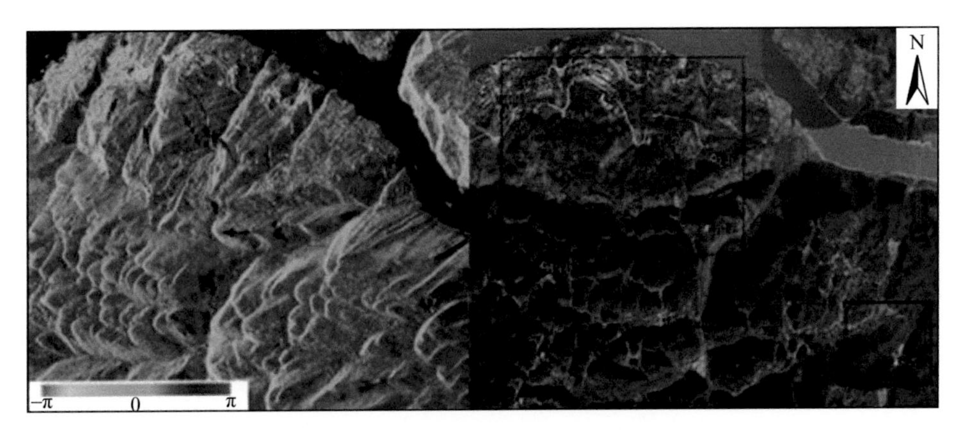

图 4.5　研究区形变隐患区分布图

从图 4.5 中的形变隐患区分布图可以看出在研究区域共发现 6 块滑坡隐患点集中分布区，包括巴东境内马鹿池、营陀村、李先生湾、四方田、U 型公路、南湾，其中马鹿池、营陀村、南湾在 2016 年 10 月至次年 4 月期间最大形变量为 5.1cm。

4.3.2　输电通道时间序列分析结果

1. 区域 1——湖北盘龙输电通道巴东段

对区域 1 获取的 22 景数据，采用 SqueeSAR 处理并结合 PS-InSAR 的处理流程进行时间序列分析：根据基线计算结果在区域 1 选取 2016 年 10 月 10 日影像为主影像，时间序列处理的对象是提取得到的 DS 点和 PS 点，其中区域 1 提取的 PS 点个数为 186358 个，加密 DS 点后的点个数为 1108148 个。如图 4.6 所示分别为区域 1 对提取的 DS 点和 PS 点差分干涉得到的点差分干涉时间序列图。

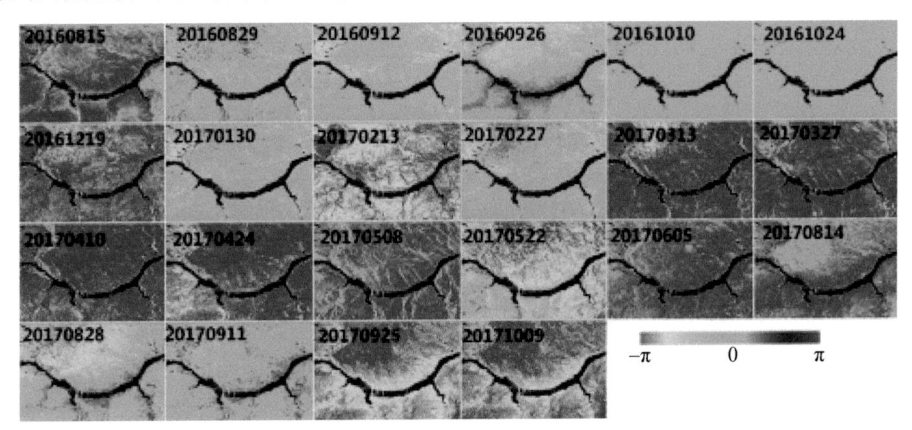

图 4.6　区域 1 点差分干涉时间序列图

当得到的解缠后的残余相位整体上呈蓝色时，才为正确的差分干涉相位。观察区域 1 生成的差分干涉时间序列图可以看出，在差分干涉图中有明显的噪声相位，块状或区域状的紫色黄色区域为大气效应的影响。

根据上述分析，通过估计噪声相位去平地、去地形、去大气的影响，并利用三维相位解缠可得到解缠后的残余时序相位，如图 4.7 所示。

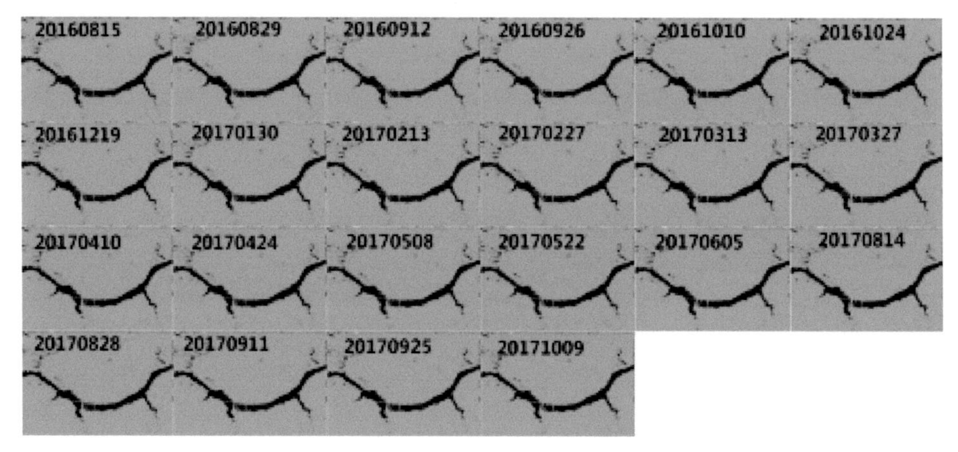

图 4.7　区域 1 解缠后的残余时序相位图

从残余时序相位图中可以看出，结合 PS 点和 DS 点的时间序列经过去平地、去地形、去大气的处理过程之后，得到的相位较平滑，基本没有噪声的干扰。

实验结果证明：通过利用 SqueeSAR 加入 DS 点处理方法不仅可以增加点的密度，而且由于点数量的增加也增加了统计的鲁棒性，使滤波过程更加稳健，得到的解算结果可靠性更高。相对于主参考影像，形成了图 4.8 所示的形变时间序列图。

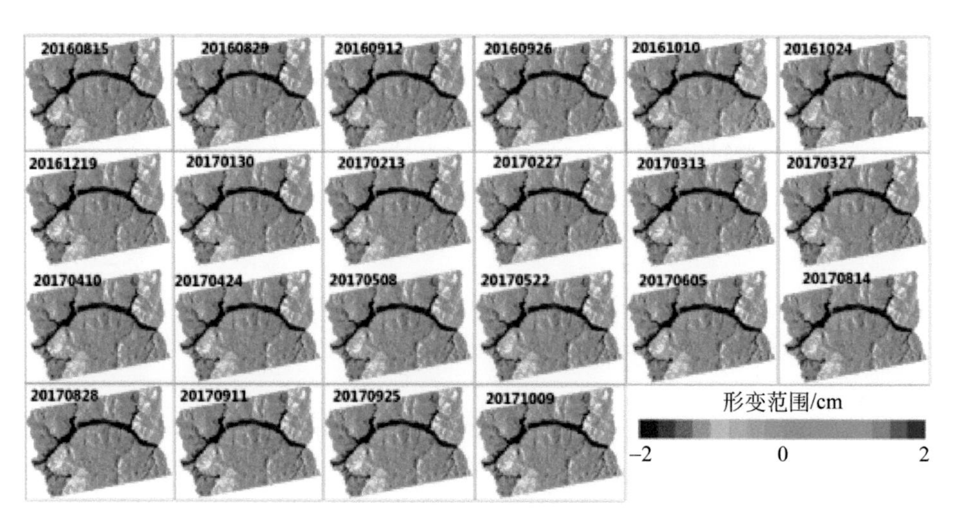

图 4.8　区域 1 形变时间序列图

利用获取的 SAR 影像数据，采用长时间序列干涉测量方法分析了区域 1 输电通道的地表变形情况，结果如图 4.9 所示。

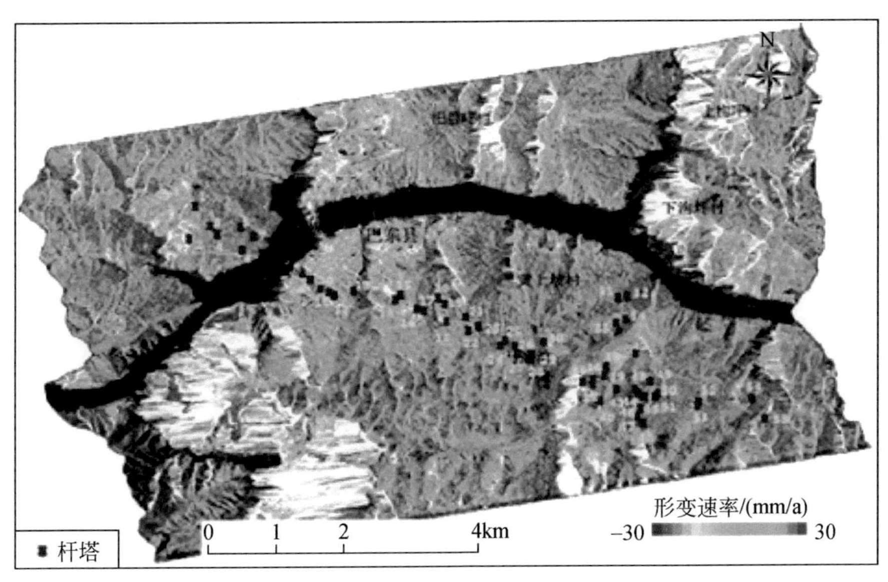

图 4.9　区域 1 形变速率图

分析巴东县形变速率图得知，2016 年 8 月至 2017 年 10 月整体形变速率不大，最大的变形出现在黄土坡村，形变速率达到 3.0cm/a，整个观测区域最大的变形出现在东壤口镇下沟坪村，形变速率达到了 6.8cm/a。将识别的杆塔位置叠加在平均形变速率图上，发现基本上所有的杆塔都处在稳定区域，输电通道上马鹿池附近发现明显变形，马鹿池附近最大的变形点形变速率达到了 5.3cm/a，距离最近杆塔 5km，不直接影响到杆塔的安全。

2. 区域 2——山西输电通道左潞Ⅱ线段

将除主影像外的所有影像与主影像进行时序分析，计算干涉相位，生成干涉图，分别通过空间基线与外部 DEM 数据模拟参考面相位及平地相位。然后根据选取的 PS 点组成 PS 干涉网络，构建 Delaunay 三角网。对三角网边上的两个顶点做邻域差分将相位值分为四个部分：高程误差之差、线性形变速率之差、残余相位之差和整周模糊度。利用最小费用流求解整周模糊度，还原真实相位值。

利用最小二乘法可以从真实相位值中获得高程残差估计值和线性形变估计值，对于残余相位之差，利用大气相位在时间维上高频、空间维上低频的特点，对解缠后的残余相位进行滤波，便可以分离出非线性形变速率和大气相位。将非线性形变速率和线性形变速率组合起来，就得到区域内的形变信息。最后通过迭代的方法，利用高程残差与大气相位对形变相位进行逐级修正，得到输电通道时序形变结果。

通过对干涉相位进行回归分析，在不断迭代过程中求出研究区形变速率，并进一步对模型参数进行精化，在不断迭代求解过程中，点目标数量降低到 2887857 个，基于时序分析得到左潞Ⅱ线段在影像覆盖下的平均沉降速率图如图 4.10 所示，图中每一个颜色点相当于一个 PS 点，负值表示相对于参考区域为地表下沉的速率，正值表示相对于参考区域为地表上升的速率，并且以色调变化表明了沉降趋势，其中，红色圈定的区域沉降明显，故对其进行详细分析。

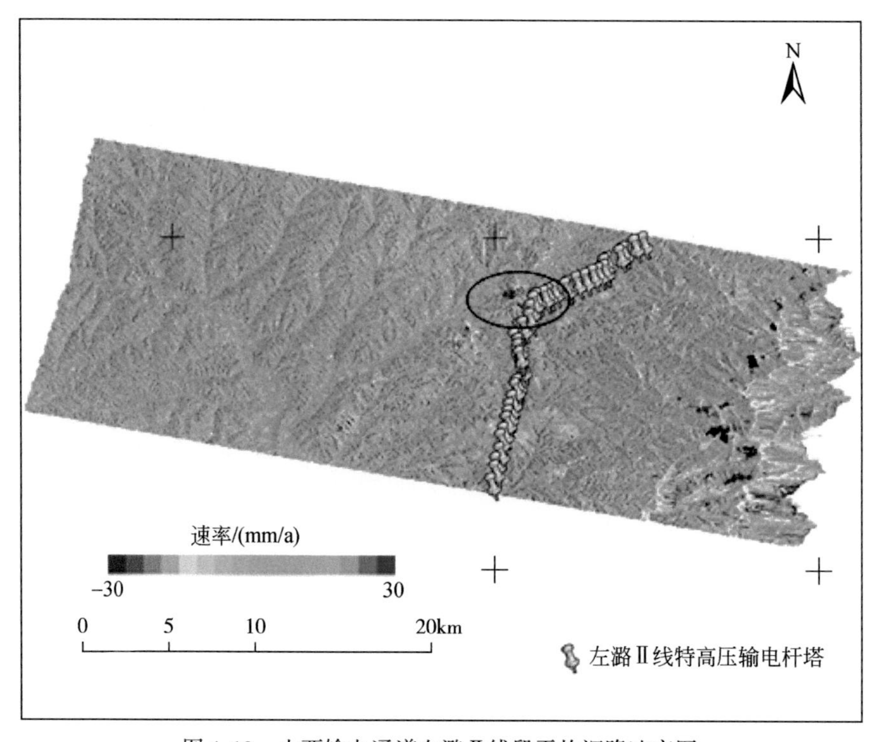

图 4.10　山西输电通道左潞Ⅱ线段平均沉降速率图

时序干涉测量采空区特高压输电杆塔沉降监测，利用获取的卫星影像数据，分析左潞Ⅱ线沉降区 2018 年 3 月到 2019 年 7 月的变形序列，通过特高压输电杆塔特征点匹配及形变识别技术，实现目标提取与信息分析对重点区域进行形变监测，在广大区域内对采空区输电杆塔进行大范围、全天候的形变监测，从空间直接获取高精度的地形信息以及地表的微小形变信息。结合左潞Ⅱ线的实际情况，对采空区特高压输电杆塔沉降分析取得了一定的研究成果，得到平均沉降速率图如图 4.11 所示。

从该区域的年平均形变速率图中可以清晰看出两座输电杆塔处于地质形变区。其中杆塔 26 号、27 号、28 号的时间序列沉降现象比较严重（图 4.12），因其与地质灾害区相距很近，受到影响较大，应该予以关注。

选取形变区域三个重点杆塔进行时序分析，结果如表 4.5 所示，表 4.5 为杆塔 26 号、27 号、28 号的点位参数信息。

综合以上数据分析并结合采空区实际地质气候条件，对左潞Ⅱ线 26 号、27 号、28 号三个杆塔位的沉降原因与诱发因素进行分析。图 4.13 为三个杆塔形变时间序列。

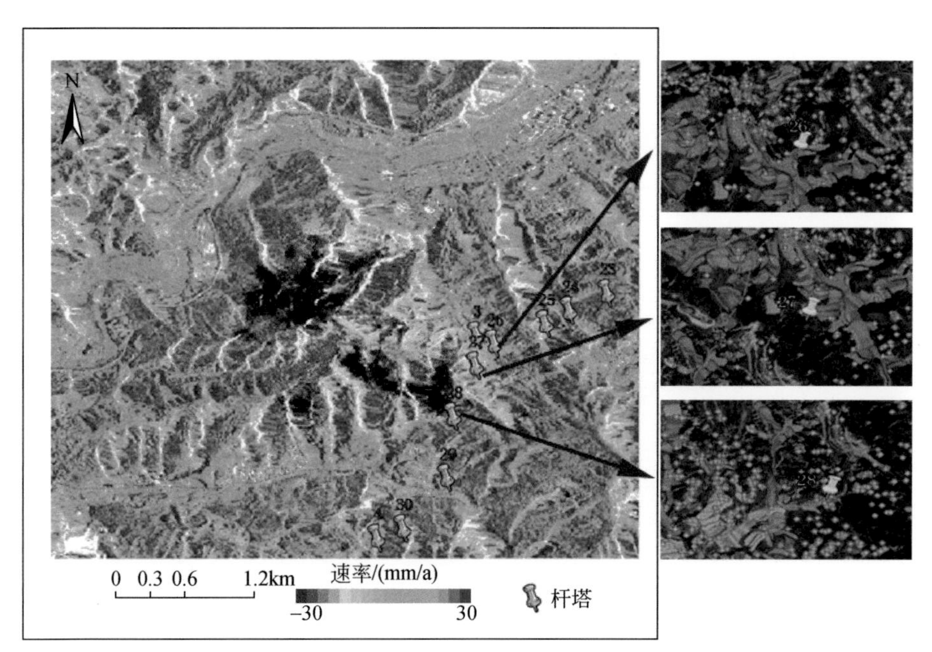

图4.11　山西输电通道左潞Ⅱ线段重点监测区域平均沉降速率图

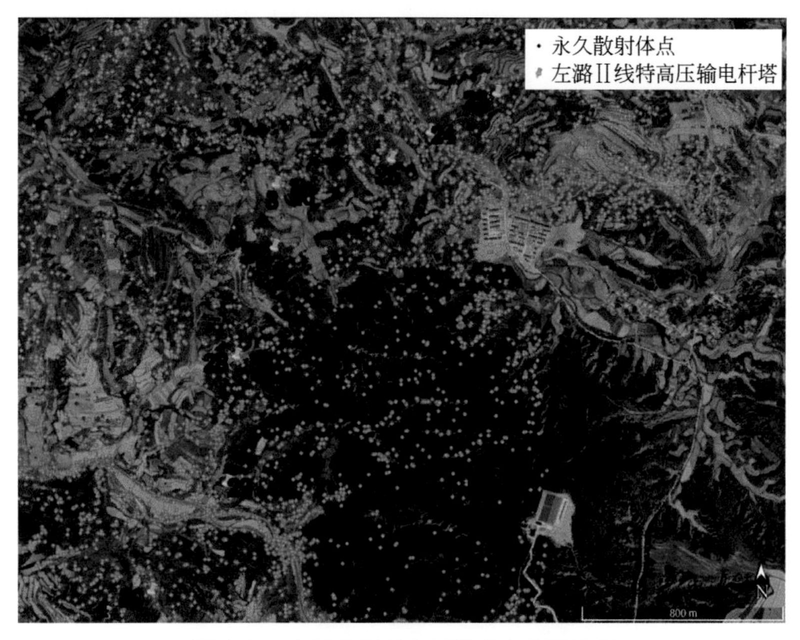

图4.12　左潞Ⅱ线重点杆塔安全监测结果

表 4.5 左潞Ⅱ线重点监测杆塔参数信息表

杆塔序号	时间	位置/省	类型	线路名称
26	198429	山西	500kV	500kV 左潞Ⅱ线
27	198430	山西	500kV	500kV 左潞Ⅱ线
28	198431	山西	500kV	500kV 左潞Ⅱ线

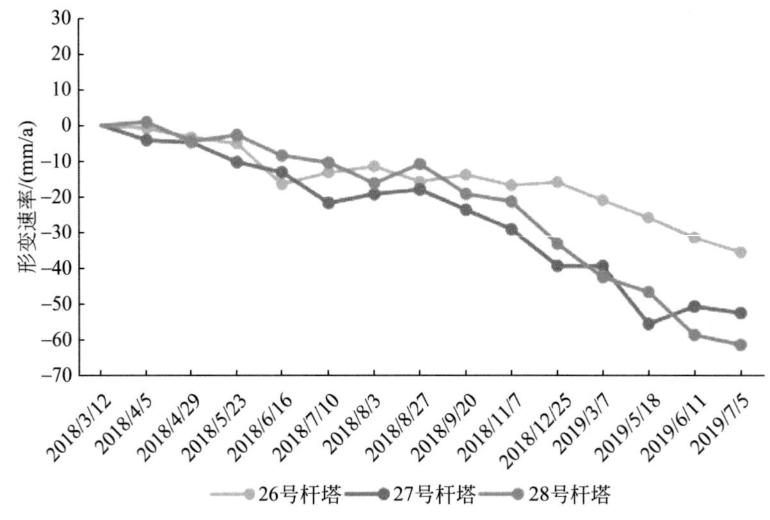

图 4.13 左潞Ⅱ线三个杆塔形变时间序列

通过分析可知，27、28 号两个杆塔的沉降变形已经相当明显，自 2018 年 3 月至 2019 年 7 月期间，沉降速率已分别达到 52.38mm/a 和 61.28mm/a，其中 2018 年 6 ~ 8 月，2019 年 5 ~ 6 月期间月沉降速率达到全年最大，进一步分析沉降极大可能在每年的雨季时期最为严重。对此，分析左潞Ⅱ线覆盖区域气候环境，得出目标区域近年来的月平均降雨量、累年各月平均气温、平均最高气温、平均最低气温、累年各月平均相对湿度统计数据，如图 4.14 ~ 图 4.16 所示。

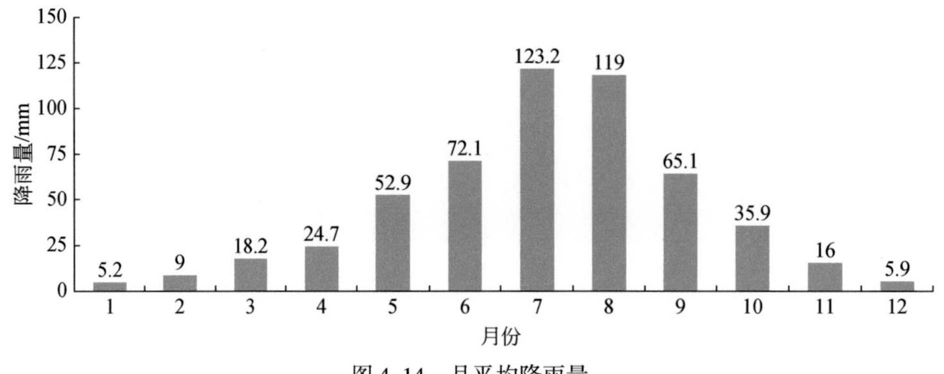

图 4.14 月平均降雨量

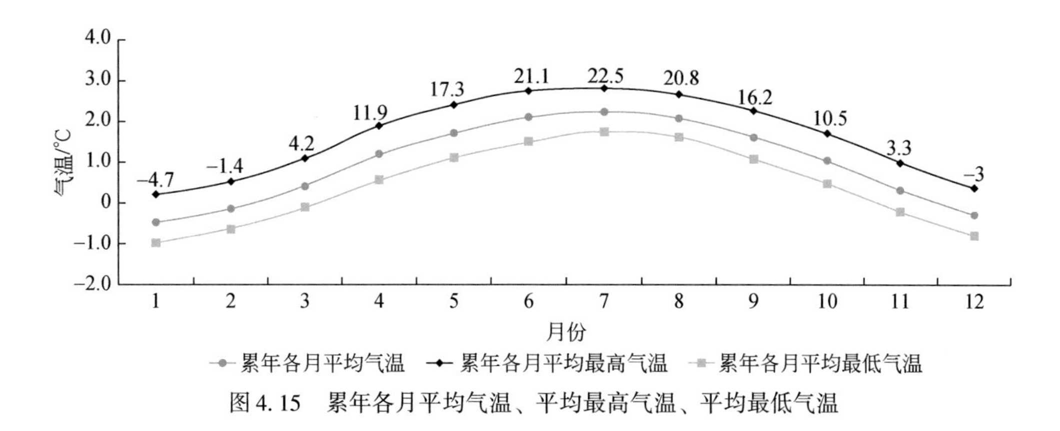

图 4.15　累年各月平均气温、平均最高气温、平均最低气温

对比分析输电杆塔沉降速率和左潞Ⅱ线月平均降雨量可以得知，降雨是引发地质沉降变形的重要诱因，每年的 5 ~ 8 月是左潞Ⅱ线覆盖区平均降雨量最大的时期，持续降雨或短时强降雨频繁发生，冲刷土地造成水土流失，加之采空区特殊的地质环境因素，进一步加剧了输电杆塔的沉降变形，这种状况以山区、丘陵更为明显。

温度对采空区的沉降变形也起着关键性作用，5 ~ 8 月期间平均气温、最高气温、最低气温都达到最大，由于热量是各种生物赖以生存、繁衍的基础，当气温和土温升高后，土壤有机质的分解相当迅速，加之雨季期间水分充足，水膜隔绝了土壤与大气之间的气体交换，有机质的分解会迅速耗尽土壤内的氧气，造成土壤内有机酸积累，对植物根系的腐蚀导致土壤失稳，沉降速率增大。

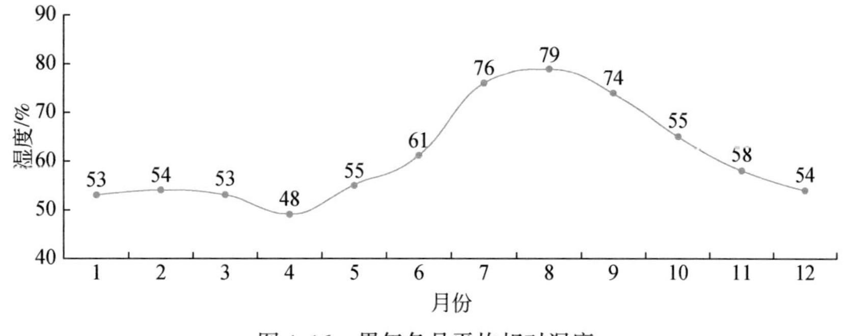

图 4.16　累年各月平均相对湿度

湿度对采空区土壤性质的影响以造成土质疏松为主，5 ~ 8 月期间全年平均相对湿度达到最大，土壤中水、气扩散受到很大影响，土壤性质随之改变，土质疏松更为严重，在输电杆塔的压力下，沉降速率必然增大。

4.4　结果分析与评价

本章以黄土高原和西南山区输电通道为研究区，利用时间序列 InSAR 分析方法对研究区进行形变监测，结果表明：利用时间序列 InSAR 技术方法获取的稳定散射体 PS/DS 的数目充足，同时获取的潜在滑坡分布位置与实际位置基本一致，验证了时间序列干涉测量方法监测滑坡的准确性和可靠性；针对差分干涉测量标记的滑坡区，采用时序分析方法，通过干涉处理、参考点的选取、噪声相位的估计与去除、迭代处理、滤波等过程实现了高质量形变场的提取分析及其在监测时间内的累计位移量和年平均形变速率图，并圈定了研究区内的重点滑坡区。时序 InSAR 技术与实际监测结果具有一致性，验证了时序 InSAR 技术在复杂山区输电通道滑坡监测方面的可靠性和适用性，能够对输电电网沿线滑坡的发生做到提前监测和预警，为输电线路杆塔的安全运行提供了保障。

第5章 地震灾区大范围同震形变信息快速提取

5.1 基于干涉 SAR 测量的大范围同震形变快速提取

5.1.1 InSAR 原理

差分合成孔径雷达干涉测量（D-InSAR）技术是以合成孔径雷达复数据提取的相位信息为信息源获取地表变化信息的一项技术。D-InSAR 技术在地表形变探测研究中，通过去除地形的信息，得到观测目标的运动速度和形变量。它又可分为三轨法和两轨法两种方式，前者利用 3 幅 SAR 图像进行计算，后者利用 2 幅 SAR 图像和一个 DEM（数字高程模型）进行计算，其计算中所采用的 DEM 精度直接影响着最终观测结果的准确性。现有条件下，利用 D-InSAR 技术可以观测到地表大于 10mm 的垂直变形。双轨法和三轨法的基本原理是类似的，下面以三轨法为例对 D-InSAR 技术的基本原理做一简单描述。图 5.1 是 D-InSAR 技术基本原理几何示意图，A_1 和 A_2 是卫星两次对同一地区成像时接收天线的位置，两副天线接收信号的路径分别为 γ 和 $\delta\gamma$，这时生成干涉图纹时两次成像的相位差为

$$\gamma=\frac{4\pi}{\lambda}\delta\gamma \tag{5.1}$$

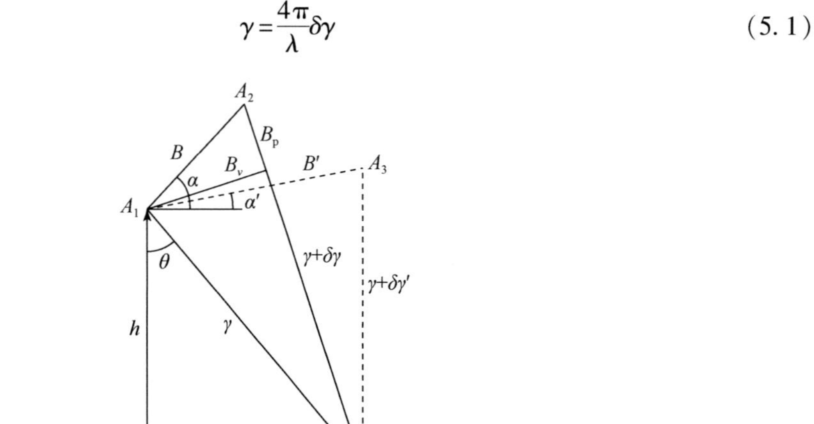

图 5.1 差分合成孔径雷达干涉测量技术基本原理几何示意图

A_1、A_2、A_3 是三次卫星对同一地区成像时接收天线的位置；h 是卫星高度；α、α' 为基线距与水平方向的夹角；γ、$\gamma+\delta\gamma$、$\gamma+\delta\gamma'$ 分别为天线接收信号的路径；B、B' 为基线距；θ 为观测视角

根据三角形余弦定理，在基线距、两次观测的信号路径长度、视角、基线与水平方向夹角几个参数之间可以建立起一定的几何关系。

$$(\gamma+\delta\gamma)^2=\gamma^2+B^2-2\gamma B\sin(\theta-\alpha) \tag{5.2}$$

式中，B 为基线距；θ 为观测视角；α 为基线距与水平方向的夹角。事实上，基线距同信号路径相比是非常悬殊的，即 $(\delta r)^2$可以被忽略，故联合式（5.1）、式（5.2）可以得到式（5.3）、式（5.4）。

$$\delta\gamma=B\sin(\theta-\alpha)=B_{\mathrm{p}} \tag{5.3}$$

$$\gamma=\frac{4\pi}{\lambda}B_{\mathrm{p}} \tag{5.4}$$

式中，B_{p}为基线距在辅图像视线方向上分量的大小。

5.1.2 SAR 差分干涉测量提取地震形变研究

D-InSAR 技术通过卫星源系统直接从空中对地面进行观测，不受时间和天气状况的限制，所得到数据具有较高的可靠性。与目前流行的大地水准测量、GPS 等地形形变观测手段相比较，利用 D-InSAR 技术不但可以获得较高精度的地面垂直形变，而且能够观测到高观测密度的地面变形定量结果，这都是其他一些常规观测手段比较难以达到的。D-InSAR 技术早期主要用来观测典型地震和火山活动附近的地表变形。随着 D-InSAR 数据处理技术自身的不断完善，该技术已经在地震形变场研究、火山活动、地面沉降、山体滑坡、冰川运动等地表细微持续变形与位移的连续观测中发挥着重要的作用。

同震位移是由于地震的主震所造成的地表形变，它的获取对于了解活动构造的运动学定量特征、分析研究大陆内部块体之间的变形强度及变形机制具有重要意义。

5.2 典型地震解译

近几年我国大地震突发频繁，针对发生的几次较大地震，我们通过典型地震解译进行了快速响应，包括 2017 年 8 月 8 日四川九寨沟地震、2017 年 8 月 9 日新疆精河地震、2016 年 11 月 25 日新疆阿克陶地震。

5.2.1 四川九寨沟地震解译

据中国地震台网中心 2017 年 8 月 8 日发布，北京时间 2017 年 8 月 8 日 21 时 19 分，四川省阿坝州九寨沟县发生 M_{S} 7.0 级地震，震源深度为 20km，震中位于 103.82°E 、33.20°N，共造成了 25 人死亡，525 人受伤，大量房屋受损或倒塌。

九寨沟地震的震中位于三条构造断裂的交汇处，这三条断裂分别为虎牙断裂、岷江断裂、塔藏断裂（图 5.2），此处属于历史地震空区。研究结果表明，塔藏断裂及虎牙断裂是研究区内主要的发震构造，岷江断裂是逆冲为主兼具左旋走滑运动的全新世活动断裂。

震中区域现有的活动构造图中并无断层分布，地质基础工作薄弱。因此深入研究此次地震的同震形变，有助于理解发震机理和强震活动特征。

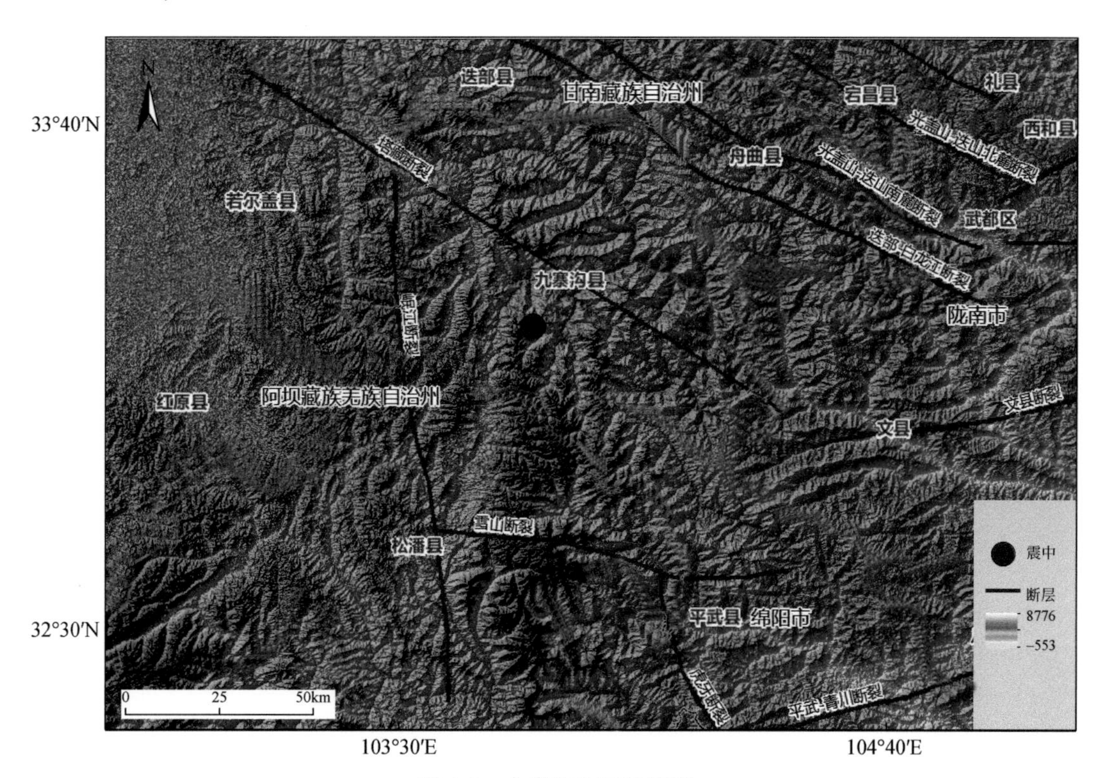

图5.2　九寨沟地区地势图

1. 数据

九寨沟地区4景Sentinel-1A/IW单视复数（Single Look Complex，SLC）影像(图5.3)对九寨沟地震做同震形变研究，这些干涉对的时间基线为12天，空间基线都在100m以内，保持了良好的相干性（表5.1）。

2. 数据处理

采用两通（2-pass）差分干涉模式进行D-InSAR数据处理，处理软件为ENVI平台下的SARScape工具（图5.4）。地形相位的消除采用美国宇航局发布的SRTM 90m分辨率的DEM，处理过程中对干涉图距离向、方位向分别做了10视和2视的多视处理，以降低干涉图的噪声。为突出形变条纹、提高干涉图的信噪比，对差分干涉图进行了自适应滤波。相位解缠采用适用于低相干区相位解缠、基于Delaunay三角网的最小费用流（minimum cost flow，MCF）算法，该算法先对高相干区进行解缠以得到可靠的解缠相位值，并构建相位模型，通过构建的相位模型实现对其他低相干区域的相位解缠（屈春燕等，2017；单新建等，2009）。最后得到较为清晰的同震干涉纹图。

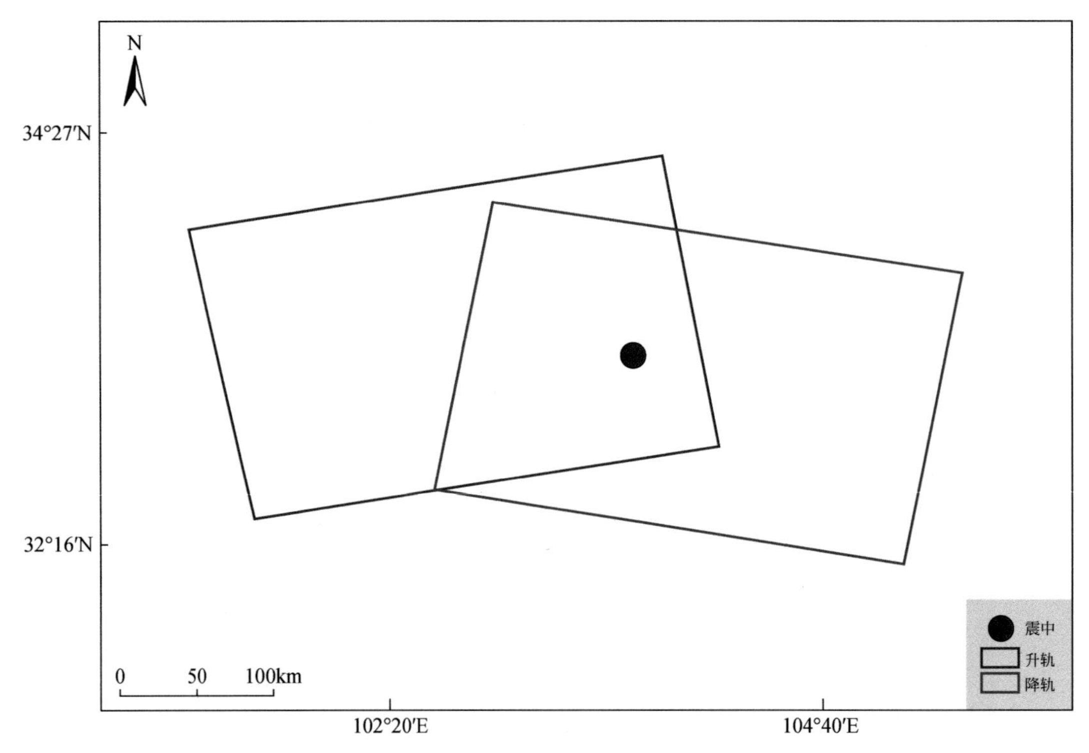

图 5.3 Sentinel-1 升、降轨影像覆盖范围

表 5.1 Sentinel-1A 数据参数

轨道号	影像获取时间		入射角/(°)	模式	波段	时间基线/d	空间基线/m
	震前	震后					
128	2017 年 7 月 30 日	2017 年 8 月 11 日	39.5	升轨	C	12	36.8
62	2017 年 8 月 6 日	2017 年 8 月 18 日	39.5	降轨	C	12	-65.3

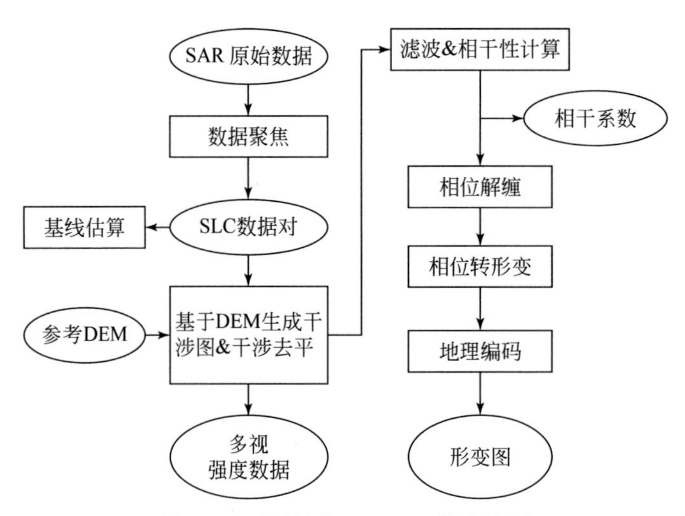

图 5.4 两通差分 D-InSAR 技术流程

此次地震造成的主要形变区约为40km×50km，即2000km²。卫星LOS向升轨数据观测得到的最大隆升形变量和沉降形变量分别为0.095m和0.216m，降轨数据观测得到的最大隆升形变量和沉降形变量分别为0.155m和0.132m，升、降轨最大LOS向形变量分别约为32cm和30cm。升、降轨干涉形变场长轴方向均显示为NW向。

5.2.2　新疆精河地震解译

2017年8月9日7时27分，新疆维吾尔自治区博尔塔拉州精河县发生6.6级地震。震中位于经度82.89°，纬度44.27°，震源深度约为11km。据新华社报道，截至2017年8月9日11时45分，精河县共有32人受伤（重伤2人）。截至2017年8月9日16时，共有307间房屋倒塌，裂缝受损房屋5469间，院墙倒塌213处，受损195处，牲畜棚倒塌、受损153处，6处路面受损，6栋楼房出现裂缝，牧区未受影响和损失。此次地震震中位于精河县城西南约37km的山区，地震由库松木契克山前断裂活动造成。此次地震震级大，震源浅，震中附近地区震感强烈。

利用两景SENTINEL-1 SLC_ IW数据对震区进行干涉处理，数据获取日期为2017年8月7日、2017年8月19日，分别是震前2天和震后10天。

由新疆精河地震实验区干涉图（图5.5）可以看出，东南盘大约有4个干涉条纹，而西北盘大约有2个干涉条纹，东南盘形变量比西北盘形变量大。得到的实验区LOS方向的形变量如图5.6所示。

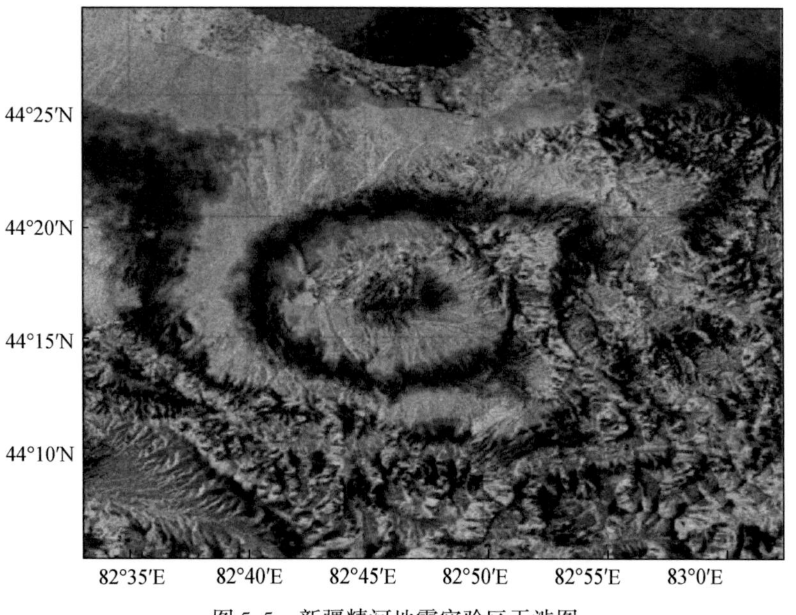

图5.5　新疆精河地震实验区干涉图

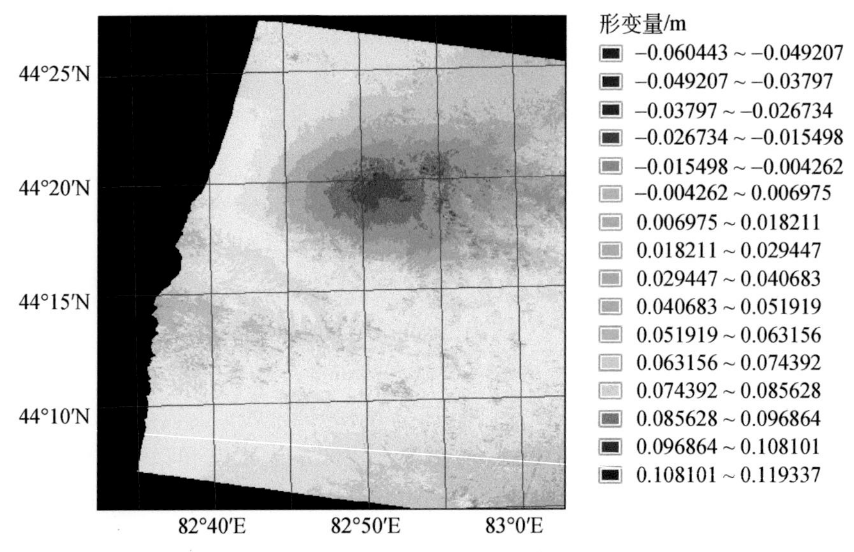

图 5.6　新疆精河地震实验区 LOS 向形变量

5.2.3　新疆阿克陶地震解译

2016 年 11 月 25 日，在我国新疆克孜勒苏柯尔克孜自治州阿克陶县境内，塔吉克斯坦共和国国境线附近，帕米尔构造结北部木吉断陷盆地西端发生了中强地震，震级 6.7 级，截至 11 月 26 日 10 时，这次地震造成 1 人死亡，32 间房屋倒塌，55 间房屋开裂，37 座羊圈倒塌。

该地震发生在公格尔拉张系与帕米尔北缘逆冲推覆系的交会部位，发育有喀喇昆仑断裂带、公格尔拉张系断裂、奥依塔克断裂、玛尔坎苏断裂、主帕米尔逆断裂等一系列不同性质、不同走向的断裂。木吉盆地是个东宽西窄的直角三角形，为新近纪晚期—第四纪断陷盆地，平均海拔>3700m。控盆断裂包括北界木吉断裂、东界昆盖山南麓断裂北段以及木吉盆地西南边界断裂，三者均为全新世活动断裂。木吉断层属于公格尔拉张系最北端的转换断层，沿昆盖山南麓山前占卜，右旋走滑为主，兼具正断层作用。新疆阿克陶地震实验区地质断层分布如图 5.7 所示。

我们利用两景 SENTINEL-1 SLC_ IW 数据对震区进行干涉处理，数据获取日期为 2016 年 11 月 13 日、2016 年 12 月 31 日，分别是震前 12 天和震后 36 天。

由图 5.8 可见，此次地震断层走向为 NWW，主震位于木吉断裂上，绝大多数余震主要分布在木吉断裂南侧。发震断层的位置与木吉断裂高度吻合，InSAR 形变主要分布在木吉断裂附近，表明本次地震破裂主要集中在地壳浅部。木吉断裂南侧有东、西两个干涉条纹密集区，西侧的最大 LOS 大约为 11cm，且干涉条纹密度相对较小，但是范围大，显示断层劈裂范围可能较大、较深。东侧的最大 LOS 大约为 12cm，且干涉条纹密度相对较大，但是范围小，显示断层劈裂范围可能较小、破裂位置较浅。木吉断裂以北，由于去相干作

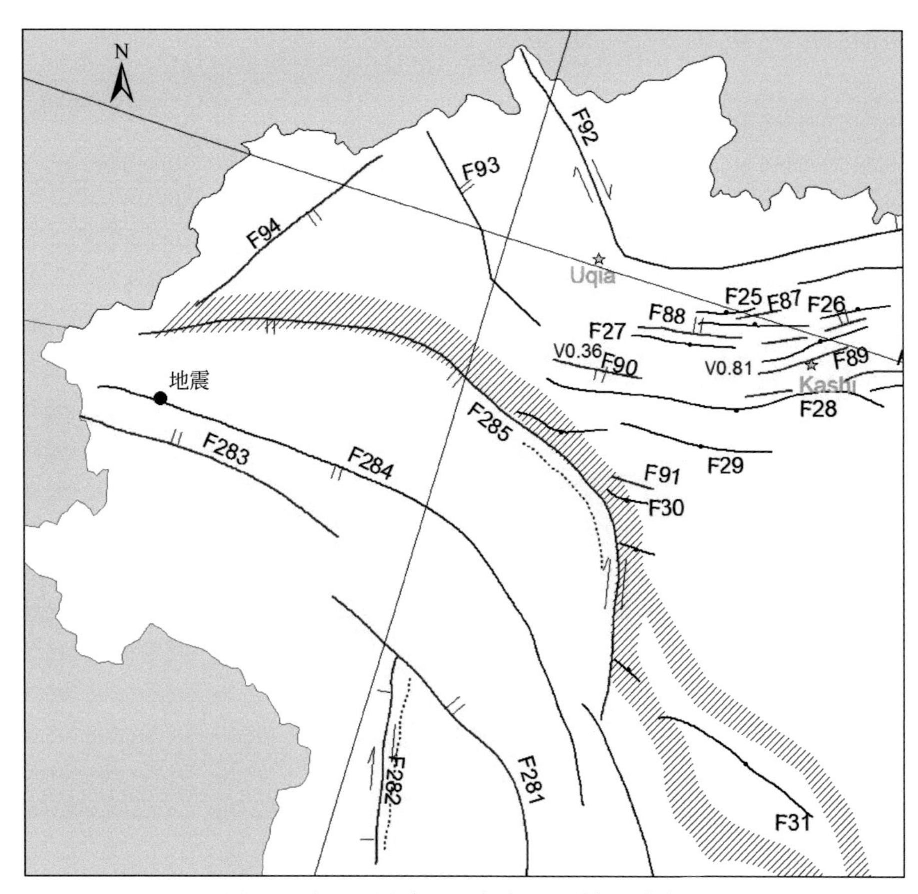

图5.7　新疆阿克陶地震实验区地质断层分布图

用，断层北侧山区的干涉条纹质量有所下降，但是仍能分辨出形变的量值和形变覆盖范围。

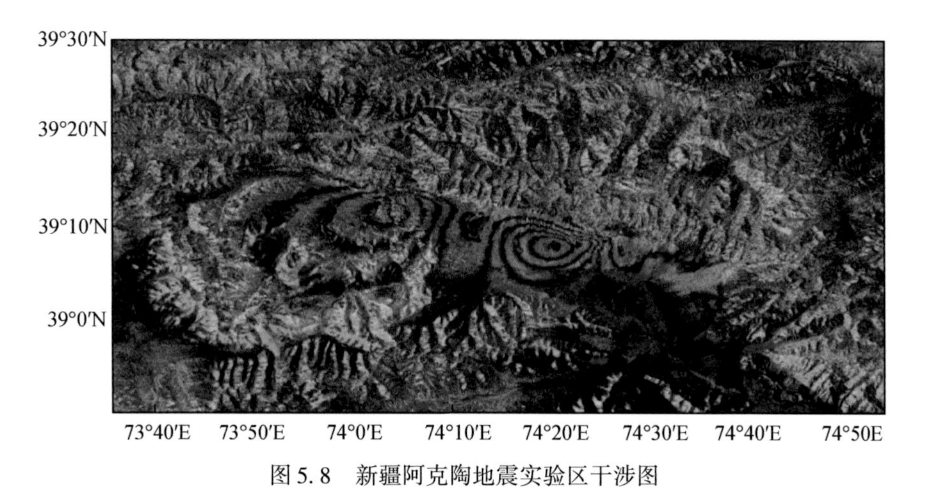

图5.8　新疆阿克陶地震实验区干涉图

图 5.9 是新疆阿克陶地震实验区雷达视向形变场。可见，该地震的独特之处在于具有特别长的干涉形变场。整个断层走向为 NWW，上盘 LOS 形变量为负值，该数据为升轨数据，表示形变远离卫星，即沉降，下盘为正值，表示形变靠近卫星，由此可判断，本地震为右旋走滑地震，这与木吉断裂的走滑方式一样。木吉盆地是个东宽西窄的直角三角形新近纪晚期—第四纪断陷盆地，平均海拔>3700m。断裂包括北界木吉断裂、东界昆盖山南麓断裂北段以及木吉盆地西南边界断裂，三者均为全新世活动断裂。木吉断层属于公格尔拉张系最北端的转换断层，沿昆盖山南麓山前展布，右旋走滑为主，兼具正断作用。木吉断裂的右旋走滑作用吸收了公格尔拉张系北端的近 EW 向拉张量。帕米尔高原内部上地壳现今构造变形仍以近 EW 向拉张为主，活动走滑转换断裂在其中扮演了重要角色。

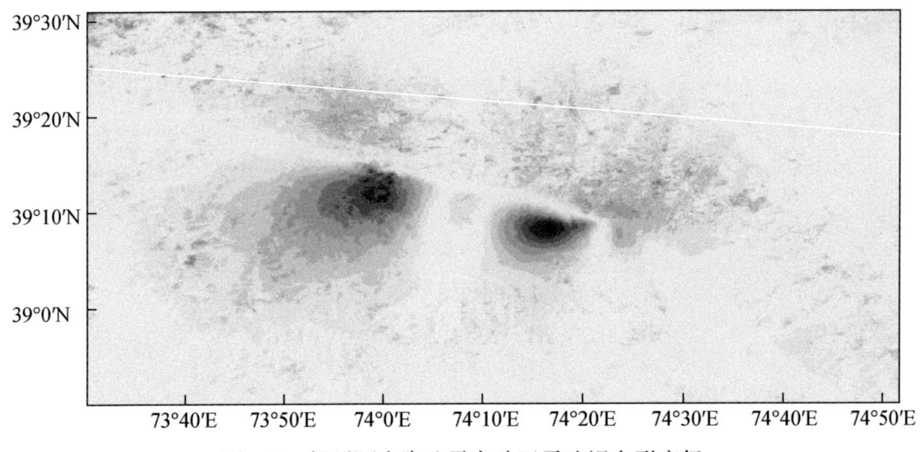

图 5.9 新疆阿克陶地震实验区雷达视向形变场

由图 5.9 可以看出，上盘沉降，同时下盘也存在两个小的沉降中心。从新疆阿克陶地震实验区升轨 LOS 向同震形变场形变剖面解译结果（图 5.10）来分析，也可以看出有两个沉降中心。根据地震局调查结果，阿克陶地震主要为一次主震，并没有较大的余震。因此该地震很可能不仅是一次右旋走滑地震，而且具有逆冲运动的成分。

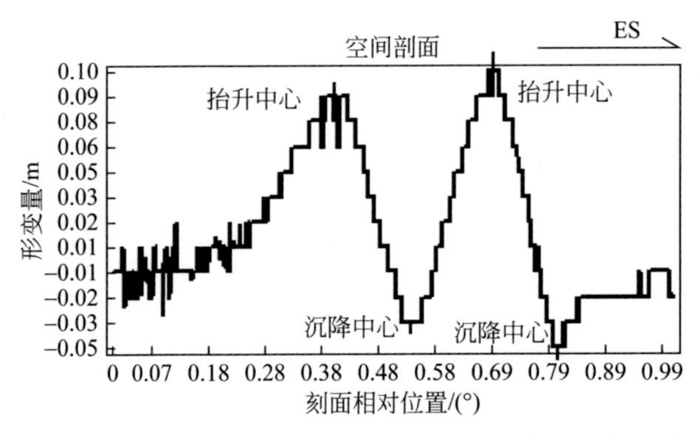

图 5.10 新疆阿克陶地震实验区升轨 LOS 向同震形变场形变剖面解译结果

参考文献

屈春燕，左荣虎，单新建，等，2017. 尼泊尔 M_W 7.8 地震 InSAR 同震形变场及断层滑动分布．地球物理学报，60（1）：151-162.

单新建，屈春燕，宋小刚，等，2009. 汶川地震 M_S 8.0 级地震 InSAR 同震形变场观测与研究．地球物理学报，52（2）：496-504.

第6章　地震震后形变机制研究

6.1　震后形变机制研究方法

震后形变是指震区在地震发生后一段时间内的形变过程。震后形变的时间尺度随不同震例而变化，有的为几周（Bürgmann et al.，2001），有的为上百年（Noel and Falk.，2006）。震后形变的空间尺度也有较大变化范围，可从断层附近几千米（Jónsson et al.，2003）变化到断层附近上百千米（Freed et al.，2006）。震后形变为地震周期中的重要角色，为研究震区岩石圈流变学特性提供定量支撑。

6.1.1　地震周期

地震周期是指断层上应力和应变逐渐积累和释放的周期性过程。人们对地震周期的认识经历了两个过程。首先是美国工程师 Reid 基于对 1906 年圣安德烈斯大地震的研究提出的弹性回跳理论（Reid，1910）。即断层两盘受到构造力的作用，会长时间、缓慢地积累应变能，当累积应变能超过某一阈值时，断层发生破裂，瞬间释放累积的应变能产生地震，造成永久性梯度位移。进而断层两盘重新进入原始的平衡状态，进入下一个周期，如图 6.1 所示。

但是在后续的研究中，学者发现弹性回跳理论过于简单，进而将地震周期划分为震间、震前、同震和震后四个阶段（Thatcher，1983）。震间阶段往往具有较长的持续时间，其间断层以无震蠕滑为主，地表形变以缓慢的长波形变为主。震前阶段的持续时间很短，断层上的应力方向不变，应变能快速积累，但是难以观测到异常的地表形变。同震阶段可以简单地理解为地震的发生，断层上的累积应变能大量释放，产生弹性破裂，造成地表的永久性梯度位移。震后阶段是指震区在地震后发生瞬态形变的过程，该阶段的地表形变往往为缓慢的长波形变。各地震周期的地表形变时间特征如图 6.2 所示。

6.1.2　震后形变机制

研究表明，震后形变机制主要有三种，分别是孔隙弹性回弹机制、震后余滑机制和在下地壳和上地幔发生的黏弹性松弛机制。由于岩石圈结构和地质构造环境的差异，不同地震的震后形变机制差异很大，因此正确识别不同地震的震后形变机制具有一定的难度。现

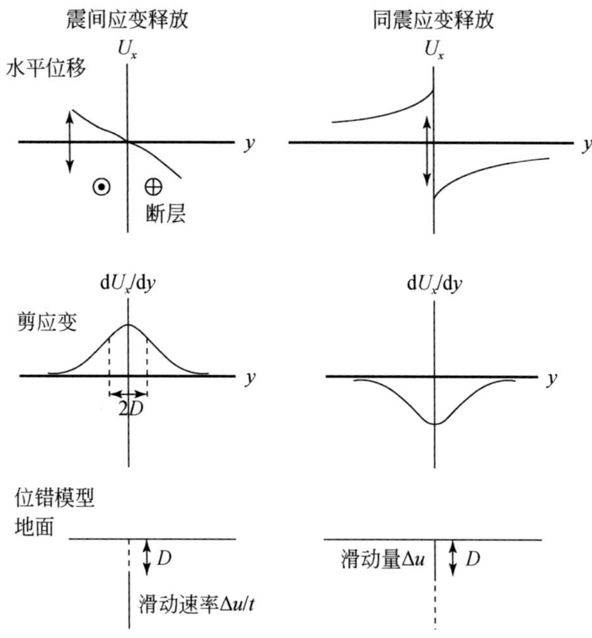

图 6.1　弹性回跳理论示意图（Thatcher，1983）

U_x 为 x 方向上位移；D 为距离（泛指）；y 为沿断层方向；x 为垂直于断层方向

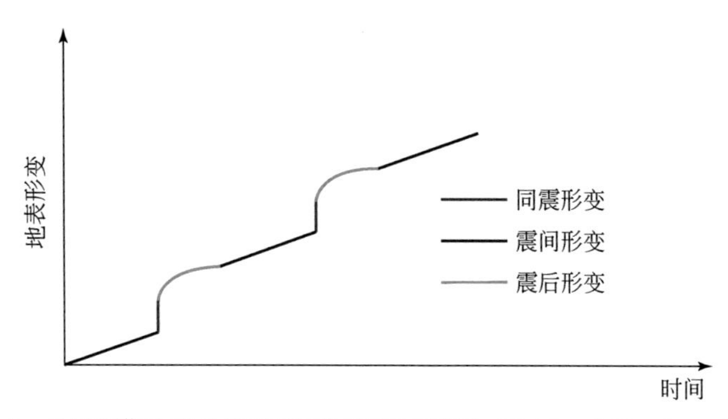

图 6.2　地震周期中的地表形变时间特征示意图（Feigl and Thatcher，2006）

今随着观测技术手段的提高，观测数据的丰富，震后形变机制的研究也在不断地深入。下面对这三种形变机制进行详细介绍。

1. 孔隙弹性回弹机制

地壳介质是由多种相态物质组成的，因此地壳具有一定的孔隙性。地震发生后，地震应力使得发震断层及其周围的孔隙水受到孔隙压的作用。但是液体流通具有一定的速度，孔隙水无法瞬间排除，因此需要一定的时间孔隙水才能重新达到压力平衡的状态。在这段时间内，孔隙水的流动会造成介质泊松比的变化，因此产生地表形变。

孔隙弹性回弹造成的震后形变往往发生在断层近场区域（几千米），并且作用时间短（几个月）。Segall（2010）在总结前人研究的基础上，给出了孔隙弹性回弹造成的震后形变的计算方法：

$$\mu_i(x)=\frac{3(v_u-v)}{B(1+v_u)(1-2v)}\int\Delta P(\xi)\ \frac{\partial\ g_i^k(x,\xi)}{\partial\ \xi_k}\mathrm{d}\ V_\xi \tag{6.1}$$

式中，v 为不排水状态下的泊松比；B 为常数；v_u 为排水状态下的泊松比；ξ_k 为 ε 点处 k 方向；μ_i 为地表形变；V_ξ 为 ξ 点处孔隙水体积；$\Delta P(\xi)$ 为点 ξ 处的孔隙压变化；$\mu_i(x)$ 为 x 点在 i 方向的位移；g_i^k为弹性格林函数，即表达 x 点处 i 方向的位移和 ξ 点处 k 方向的点力的关系，格林函数满足：$\frac{\partial\ g_i^k\ (x,\ \xi)}{\partial\ \xi_k}=\frac{(1-2v)}{2\pi\mu}\frac{x_i-\xi_i}{R^3}$，从而式（6.1）转化为

$$\mu_i(x)=\frac{(v_u-v)}{2\pi\mu(1+v_u)}\int\Delta\ \sigma_{kk}(\xi)\ \frac{x_i-\xi_i}{R^3}\mathrm{d}\ V_\xi \tag{6.2}$$

其中，R 为 x 和 ξ 之间的距离；σ 为应力。需要注意的是，如果研究区域的孔隙介质层厚度为 D，那么计算其由孔隙弹性回弹引起的地表位移就需要对该区域进行积分运算。孔隙弹性回弹机制如图 6.3 所示。

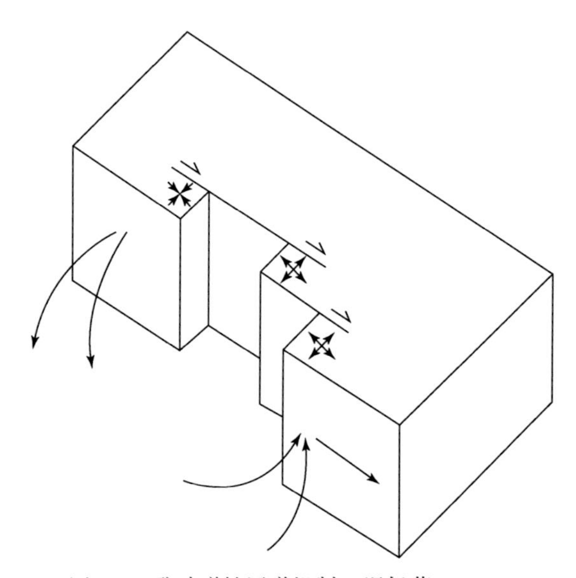

图 6.3　孔隙弹性回弹机制（温扬茂，2009）

由于孔隙弹性回弹的作用时间短，当使用长时序震后形变数据时，往往会忽略孔隙弹性回弹机制的影响，主要研究震后余滑或黏弹性应力松弛两种震后形变机制。

2. 震后余滑效应

1）震后余滑机制

地震会引起断层破裂面周围应变能的增加，增加的应变能往往会导致震后余滑的发生，如图 6.4 所示。震后余滑是指发震断层破裂面或其延伸面上发生无震滑移而引起的地表形变过程（刁法启，2011）。震后余滑由于其作用机制往往发生在断层近场附近，作用时间可从几个月到几年变化，其引起的地表形变量远远小于同震形变量。

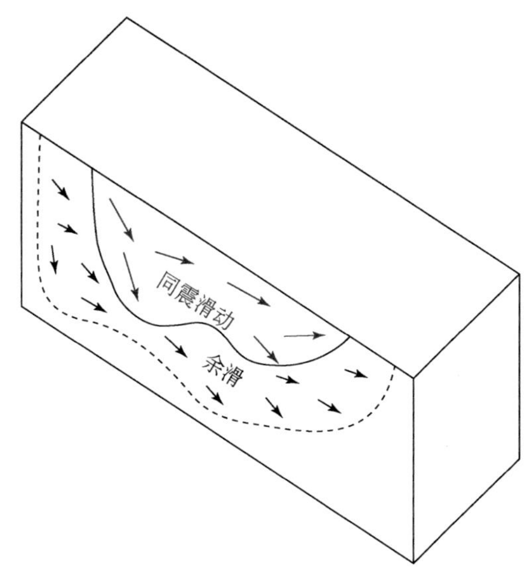

图 6.4　震后余滑（温扬茂，2009）

同时需要指出的是虽然震后余滑的持续时间为几个月到几年，但是这一时间尺度相对于地质时间尺度而言是瞬间的，因此可将震后余滑过程视为一个完全弹性过程。目前均使用同震位错模型反演方法研究断层的震后余滑过程（Wen et al.，2012；Wang et al.，2009）。

2）震后余滑机制研究方法

通常使用 Okada（1985）矩形位错模型研究震后余滑，计算得到震后余滑断层的位置、长度、宽度、深度、走向、倾向、滑动量参数。Okada 矩形位错模型将地表形变（d）和断层参数的关系表述如下：

$$d=f(x)+\varepsilon \tag{6.3}$$

式中，x 为断层几何参数（起始位置、长度、宽度、深度、走向角和倾角）和运动学参数（滑动量与滑动角）；ε 为误差项，不仅是观测随机误差，而且包括模型简化引起的误差。

由位错模型可知，断层几何参数与地表形变之间的关系是非线性的，而断层运动学参数和地表形变之间的关系是线性的。

当前有两种反演方法，一是假设均一滑动分布，基于非线性反演算法反演得到断层几何参数和滑动量；二是首先基于先验知识或者非线性反演方法确定断层的几何参数（起始位置、长度、宽度、深度、走向角和倾向角），然后基于线性反演方法反演断层面上的滑动分布。

当确定断层的几何参数后，地表形变和断层滑动量之间为线性关系：

$$d=Gm+\varepsilon \tag{6.4}$$

式中，G 为关联断层位错与地表形变观测值的格林函数；m 为滑动矢量（滑动量和滑动角）。

在基于上式反演断层位错模型时，采用分布式滑动假设：首先将断层沿倾向和走向进行适当的延长；其次把断层离散成 N 个规则的矩形断层片（fault patch）。在此基础上，反演整个断层的滑动分布。虽然分布式滑动假设使得反演结果更加准确，但是它将待反演的参数增加到了 $2N$ 个，令反演过程变得非常不稳定，反演结果存在振荡现象。即：相邻两个断层片之间的滑动量和滑动角均存在明显的差异。针对这一问题，目前普遍采用的方法是基于滑动分布的性质给上式施加一定的光滑性或敏感性约束条件，进而反演得到断层的滑动分布。

3. 黏弹性松弛效应

1）黏弹性松弛机制

地球深部介质具有黏弹性，一般将上地壳视为弹性介质，中地壳、下地壳及上地幔视为黏弹性介质。地震发生后，下地壳及上地幔的应力状态发生变化，但是并不能马上恢复到之前的状态，而是通过黏弹性松弛的方式缓慢释放内部应力，引起地表形变（刁法启，2011）。黏弹性松弛效应具有较长的持续时间（可高达几百年）和较大的作用范围（可至断层远场）（Pollitz et al.，2000），并且为研究下地壳和上地幔黏滞性结构提供了有效手段。黏弹性松弛模型如图 6.5 所示。

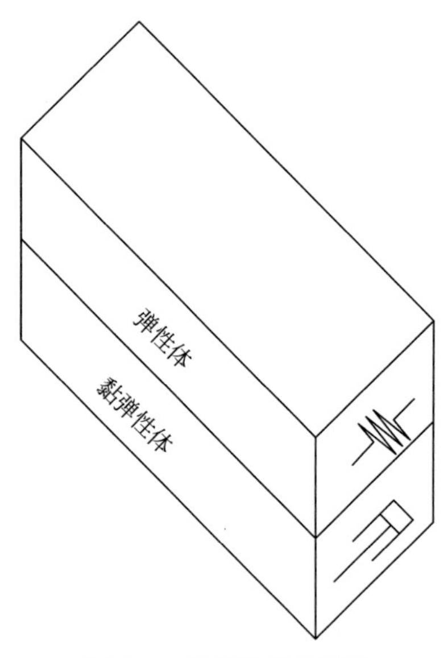

图 6.5　黏弹性松弛模型

定量地描述介质的黏滞性需要建立应力、应变及应变率之间的本构关系，而黏弹性松弛效应模型的构建则依赖于对介质本构特性的合理描述（刁法启，2011）。一般使用 Maxwell 体、Kelvin 体、标准线性体（SLS）和 Burgers 体来抽象描述弹性上地壳和黏弹性下地壳/上地幔构成的岩石圈，进而构建震后黏弹性应力松弛效应模型。

Maxwell 体（Pollitz et al.，2001）是较为简单的黏弹性模型，它由一个弹簧和一个阻尼串联而成，如图 6.6a 所示。根据弹性力学的本构方程，在弹性体中有

$$\sigma = \mu\varepsilon \cdot 10^{-5} \tag{6.5}$$

式中，σ 为应力；μ 为剪切模量；ε 为应变。

在黏弹性体中有

$$\sigma=\eta\,\dot{\varepsilon}\cdot 10^{-6} \tag{6.6}$$

式中，η 为黏滞系数；$\dot{\varepsilon}$ 为应变率。

对于整个黏弹性物质，其应变率是弹性体的应变率和黏弹性体的应变率之和，因此 Maxwell 体的本构关系为

$$\dot{\varepsilon}=\frac{\dot{\sigma}}{\mu}+\frac{\sigma}{\eta} \tag{6.7}$$

其中，$\tau=\frac{\eta}{\mu}$ 被称为 Maxwell 特征时间，代表着应变衰减至总量的 1/e 所需要的时间，是黏弹性体的重要性质。

Kelvin 体由一个弹簧和一个阻尼并联而成（图 6.6b），其本构方程为

$$\sigma=\mu\varepsilon+\eta\,\dot{\varepsilon} \tag{6.8}$$

式中，μ 为剪切模量；η 为黏滞系数。

标准线性体（SLS）（Nur and Mavko，1974）由一个 Kelvin 体和一个弹簧串联而成（图 6.6c），它可以同时描述震后初期的快速衰减和随后的长期变化过程。其本构方程为

$$\sigma+\frac{\eta}{\mu_1}\dot{\sigma}=\mu_2\varepsilon+\eta\left(1+\frac{\mu_2}{\mu_1}\right)\dot{\varepsilon} \tag{6.9}$$

式中，η 为黏滞系数；μ_2 为剪切模量；μ_1 为非松弛状态剪切模量。

Burgers 体（图 6.6d）（Pollitz，2003）由一个 Maxwell 和 Kelvin 体串联而成，相对于 Maxwell 体，它还能描述介质的瞬时流变特征。因此，Burgers 体表示的黏弹性效应是瞬时弹性响应、呈指数衰减的短期响应以及线性增长的长期稳态响应的叠加。Burgers 体的本构方程为

$$\sigma+\left(\frac{\eta_1}{\mu_2}+\frac{\eta_1}{\mu_1}+\frac{\eta_2}{\mu_1}\right)\dot{\sigma}+\frac{\eta_1\eta_2}{\mu_2\mu_1}\ddot{\sigma}=\eta_1\varepsilon+\frac{\eta_1\eta_2}{\mu_1}\dot{\varepsilon} \tag{6.10}$$

式中，η_1 为稳态黏滞系数；η_2 为瞬态黏滞系数；μ_2 为剪切模量；μ_1 为非松弛状态剪切模量。

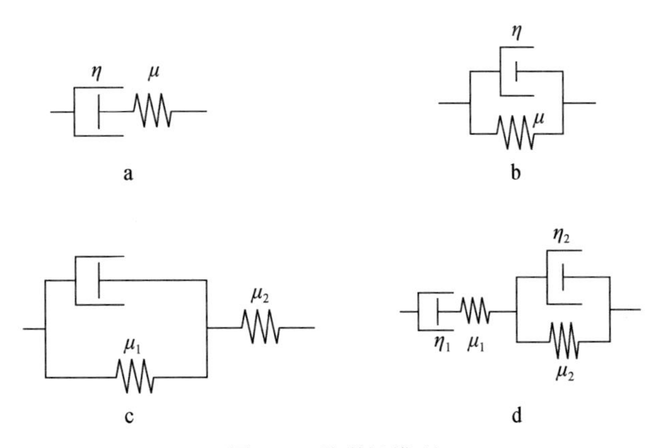

图 6.6　黏弹性模型

需要指出的是，震后形变也可能是由不同形变机制叠加而成的。如在上地壳发生震后余滑的同时，在下地壳和上地幔也发生了黏弹性松弛效应。同时，因为余滑引起的黏弹性松弛效应远远低于同震引起的黏弹性松弛效应（Shen et al.，2005），所以往往不考虑震后余滑引起的黏弹性松弛效应。进而构建两个独立的模型对震后形变进行解释。

2）黏弹性松弛研究方法

黏弹性松弛研究的主要目的为构建区域下地壳和上地幔的黏滞系数。表 6.1 给出了上述四种黏弹性模型所需反演的黏滞系数。

表 6.1　黏弹性模型参数及含义

黏弹性模型	参数	参数含义
Maxwell 模型	η	黏滞系数
Kelvin 模型	η	黏滞系数
SLS 模型	η	黏滞系数
	$\alpha=\frac{\mu_1}{\mu_1+\mu_2}$	μ_1 为非松弛状态剪切模量 μ_2 为剪切模量
Burgers 模型	η_1	稳态黏滞系数
	η_2	瞬态黏滞系数
	μ_2	瞬态剪切模量

目前，多用网格搜索算法，基于震后累积形变场反演区域的黏滞系数。网格搜索算法的核心思想为改变黏弹性模型的黏滞系数等参数，使用黏弹性模型正向模拟震后形变场，使用式（6.11）计算模拟震后形变场与震后形变场观测值残差，寻找使残差最小的最优黏滞系数。

$$\mathrm{RMS}=\sqrt{\frac{\sum_{i=1}^{N}(d_i-m_i)^2}{N}} \tag{6.11}$$

式中，N 为观测值个数；d 为地表形变观测值；m_i 为地表形变模拟值。

常用的模拟黏弹性松弛效应导致的地表形变的正演模型有 PSGRN/PSCMP 模型（Wang et al.，2006）和 VISCO1D 模型。PSGRN/PSCMP 模型基于弹性理论，采用改进的矩阵传播算法，同时考虑重力和流变性的影响，计算不同黏弹性模型由于黏弹性松弛效应引起的震后地表形变场。其中，PSGRN 软件用来计算介质对不同深度、不同位错源（走滑、倾滑、爆炸源和 CLVD）的时变格林函数。其输出参数为 3 个位移分量、6 个应力分量、2 个倾斜分量和 2 个位势分量共 13 个变量的格林函数。PSCMP 软件用来计算地震引起的震后形变，其输入参数分为三类，一是断层参数（几何参数和滑动分布）；二是黏弹性模型参数；三是观测位置参数，其坐标系统既可以是笛卡儿坐标系又可以为地理坐标系统。需要指出的是，虽然 PSGRN 软件的计算耗时较长，但是如果介质模型参数不变，其计算出的格林函数可以应用于不同的地震。

4. 震后余滑和黏弹性松弛耦合模型

震后形变也有可能是由不同震后形变机制叠加而成，一般来说，短时期、近场的震后形变往往是由震后余滑主导的，而远场震后形变和长时期震后形变往往是由黏弹性松弛效应主导的。对于这类形变场，需要使用震后余滑和黏弹性松弛耦合模型进行解释分析。使用耦合模型分析震后形变时，往往认为在上地壳发生了震后余滑，在下地壳和上地幔发生了黏弹性松弛效应。同时，因为震后余滑引起的黏弹性松弛效应远远小于同震滑动引起的黏弹性松弛效应，可以不考虑震后余滑引起黏弹性松弛效应的影响，认为两个模型相互独立。

通常采用基于黏弹性模型和同震位错模型耦合的网格搜索算法反演下地壳和上地幔的黏滞系数以及震后余滑的滑动分布。第一，对于给定的黏滞系数，使用黏弹性模型计算震后形变模拟值，并计算其与震后形变观测值之间的残差；第二，以上步残差作为约束，使用同震位错模型反演震后余滑滑动分布；第三，基于上步的滑动分布模拟震后余滑形变场，并计算其与第一步残差之间的加权残差（刁法启，2011）（以距断层距离为权值，距离越远，权值越大）；第四，使用网格搜索算法寻找使加权残差最小的最优黏滞系数，进而得到最终的震后余滑滑动分布。

6.2　震后形变机制研究示例

以2019年11月12日发生的伊朗矩震级7.3级逆冲地震为例，研究其震后形变及震后形变主导机制。

6.2.1　实验区和实验数据

伊拉克当地时间2017年11月12日21时18分，在伊拉克和伊朗交界处发生地震，该地震的震中为34.91°N，45.96°E，震源深度为20km，矩震级为7.3。多位学者对发震断层参数进行研究（Barnhart et al.，2018，Yang et al.，2019，Vajedian et al.，2018），研究表明发震断层的走向为351°，倾向为16°，滑动角为137°。

伊拉克地震的发震断层很可能为扎格罗斯造山带——扎格罗斯主活动逆冲断裂，其附近主要为扎格罗斯山前断裂。扎格罗斯造山带是由阿拉伯板块和欧亚板块碰撞而成，阿拉伯板块以2cm/a的速度冲向欧亚大陆北部，推动扎格罗斯山的抬升（Vernant et al.，2004）。该造山带虽然是目前该碰撞带地震活动性最强的区域之一（Deng et al.，1998，Barnhart et al.，2018），但是该地区多发M_W 5～6级地震（Ambraseys and Melville，2005）。2017年11月12日M_W 7.3级地震为该地区自有仪器记录以来的大地震之一。当前对该地区发震构造的理解较浅，因此研究此次地震的震后形变，能够为该地区构造运动研究以及未来强震趋势预测提供定量依据。研究区概况图如图6.7所示。

使用Sentinel-1 A/B升降轨数据研究伊朗地震的震后形变。其中升轨数据共86景，覆盖时间范围为2017年11月17日至2019年4月23日（共527天）；降轨数据共39景，覆盖时间范围为2017年11月18日至2019年4月30日（共534天）。

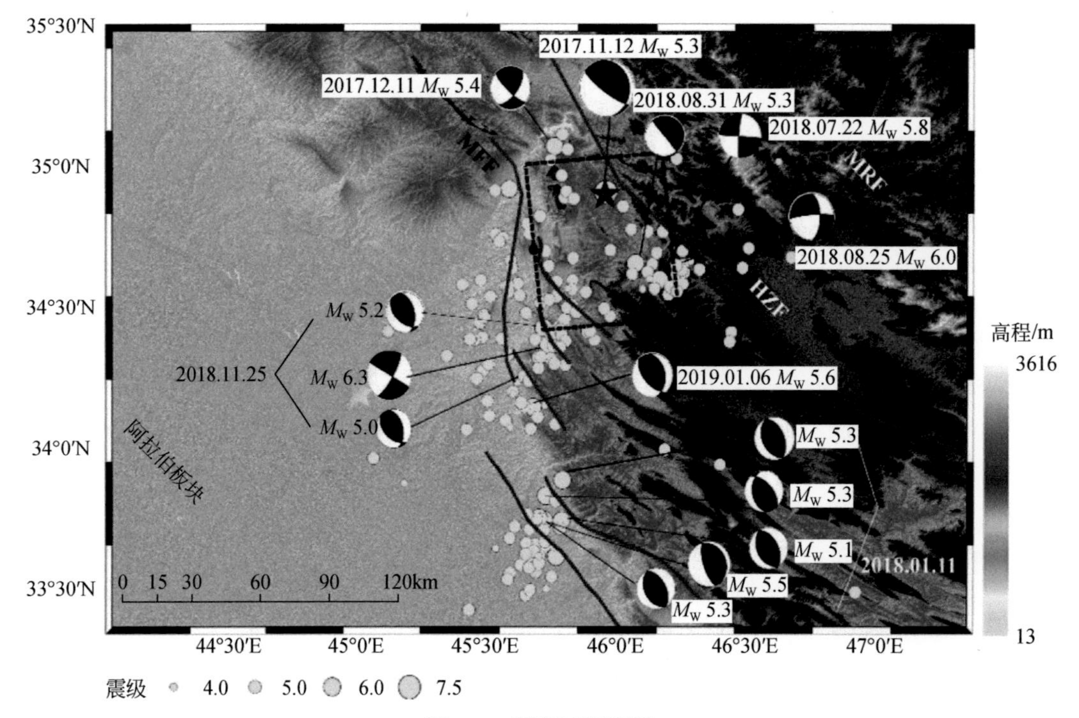

图 6.7 研究区概况图

红色五角星为伊朗地震震中（数据来源于 USGS 地震库）。黑色虚线矩形框为同震断层地表投影。黑点标识断层上边缘。红线为邻近断层（MRF. 扎格罗斯主新近断层，HZF. 高扎格罗斯断层，MFF. 扎格罗斯前断层）。黄色圆点为震后 527 天内，矩震级大于 3 的所有余震（数据来源于 USGS 地震库）

6.2.2 震后形变时空分析

使用时序 InSAR 技术（Zhang et al.，2019）计算震区 527 天的累积震后形变场。从图 6.8 中可以看出震后累积形变场有 3 个明显形变区域。经过与 USGS 地震库对比发现：震中区（蓝框）由震后形变机制导致，升轨数据的累积形变量变化范围为-13～25cm，降轨数据的累积形变量变化范围为-11～17cm。在本章中，我们定义震区发生时间晚于 2017 年 11 月 12 日且震级不大于 M_W 7.3 的地震为余震。那么区域 1（黑框）和区域 2（粉框）的地表形变分别是由 2018 年 1 月 11 日余震和 2018 年 11 月 25 日余震导致。

在此基础上，我们分别选取位于最大和最小雷达视线向震后累积形变量的两个点，做出震后累积形变时序曲线。从图 6.8 可以看出，累积形变时序曲线呈现对数变化趋势，在 2018 年 6 月份累积形变变化趋于平缓。2018 年 6 月后，累积形变量的变化很小。此时序变化特征说明震后形变机制很可能为震后余滑（Avouac，2015）。

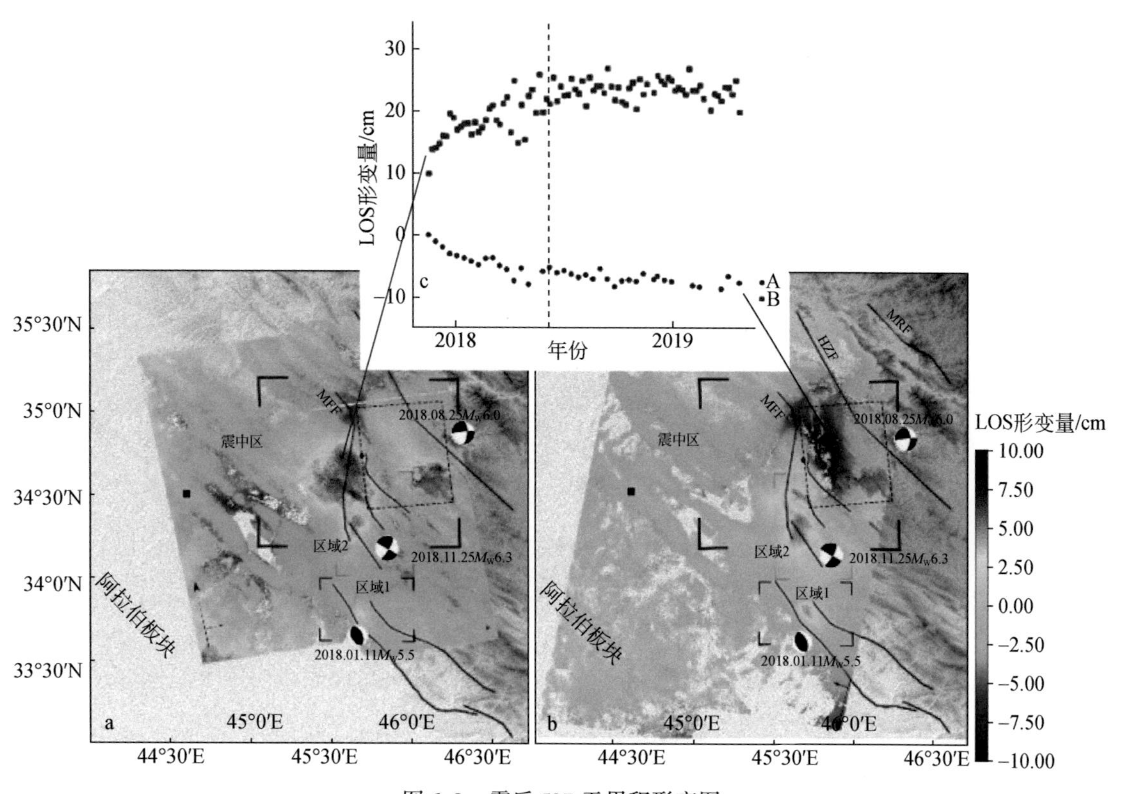

图6.8　震后527天累积形变图

a. 升轨视线向累积形变图；b. 降轨视线向累积形变图；c. 累积形变时序图。为了将A点和B点时序曲线分开，将B点时序曲线加了一个值。黑色虚线矩形为同震断层地表投影。蓝色拐角：震中区；黑色拐角：区域1；粉色拐角：区域2。黑色正方形：参照点

6.2.3　震后形变主导机制判断

由震后累积形变时序曲线可知，震后形变机制很有可能为震后余滑。为了检验这一定性结论，我们使用震后190天左右（2018年6月）的升降轨震后累积形变场，采用均一弹性半空间假设，基于非线性反演算法（Bagnardi and Hooper，2018）反演震后余滑的最优断层模型（表6.2）。

表6.2　震后余滑的最佳均一滑动分布反演结果

长度/km	宽度/km	深度/km	倾向/(°)	走向/(°)	滑动角/(°)	纬度/(°)	经度/(°)	滑动量/m	矩震级
45.49	6.42	11.5	4.0	346	123.12	34.45	45.62	0.82	6.56

从图6.9中可以看出，升降轨的震后累积形变场可以用均一滑动量为0.82m的45.49km×6.42km的断层很好的解释。震后余滑释放的能量为1.13×10^{19}N·m，占同震滑动释放能量的12%。同时可知，震后余滑位于同震断层破裂区域的上倾向部位。

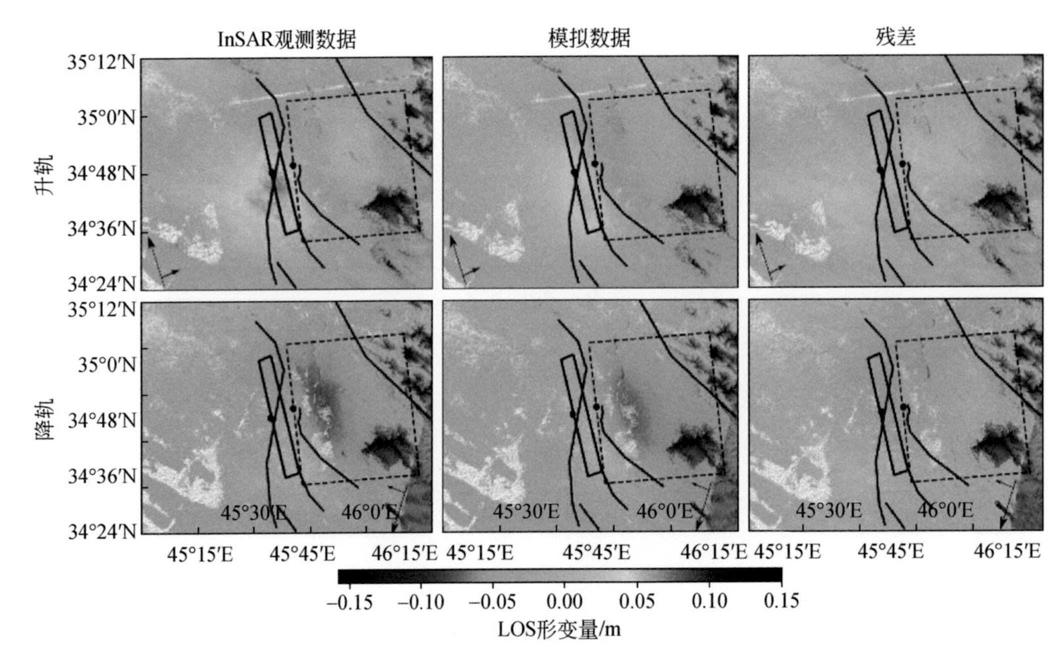

图 6.9　震后余滑的最佳均一滑动分布反演结果

黑色实线矩形：震后余滑发震断层；黑色虚线矩形：同震发震断层；
黑色圆点：标识断层上边缘

为了进一步验证我们的结论，我们将整个研究时段分为两部分：2017 年 11 月至 2018 年 6 月（time period 1，tp1）和 2018 年 6 月至 2019 年 4 月（time period 2，tp2）。首先剔除 InSAR 形变场中由余震产生的地表形变。在此基础上，分别模拟两个阶段由震后余滑和黏弹性松弛造成的水平和垂直形变场，并将其与 InSAR 结果进行对比分析。

在进行黏弹性松弛模拟时，我们使用 Maxwell 体描述下地壳和上地幔，并使用 4 组黏滞系数组合描述下地壳和上地幔的黏滞性（图 6.10 和表 6.3）。使用 3 层结构描述震区分

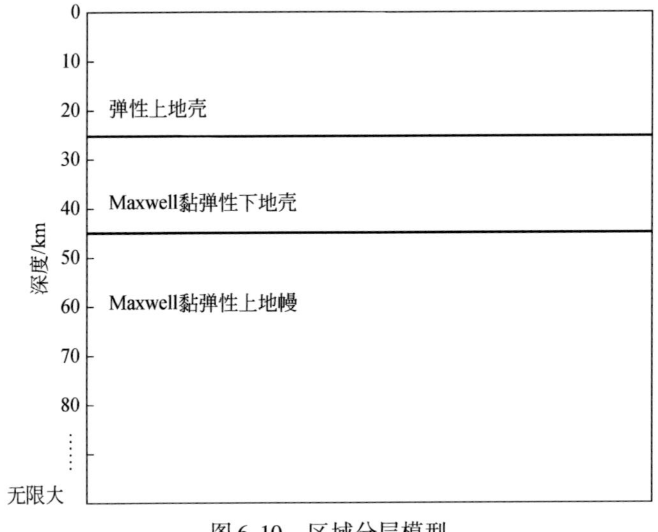

图 6.10　区域分层模型

层模型，并基于 Crust 1.0 模型（Laske et al.，2013）获取分层模型的相关参数。最后使用 PSGRN/PSCMP 模型（Wang et al.，2006）计算不同黏滞系数组合下的震后形变场。

表 6.3　区域分层模型参数及 4 组黏滞系数组合

区域分层模型参数					黏滞系数组合		
					模型	下地壳黏滞系数/(Pa·s)	上地幔黏滞系数/(Pa·s)
	深度/km	V_P/(km/s)	V_S/(km/s)	ρ/(kg/m^3)	1	1×10^{18}	1×10^{19}
上地壳	0	6.2500	3.6100	2750.0	2	1×10^{19}	1×10^{19}
下地壳	25.00	6.7000	3.8300	2865.0	3	1×10^{19}	1×10^{20}
上地幔	45.00	8.0300	4.4600	3310	4	1×10^{20}	1×10^{21}

从图 6.11 中可以看出，对于 tp1 阶段，由黏弹性松弛模拟的地表形变的大小和空间分布模式和 InSAR 结果有很大的差异。但是由震后余滑模拟的地表形变和 InSAR 结果极为吻合。这再次证明了 tp1 阶段的震后形变是由震后余滑导致的。

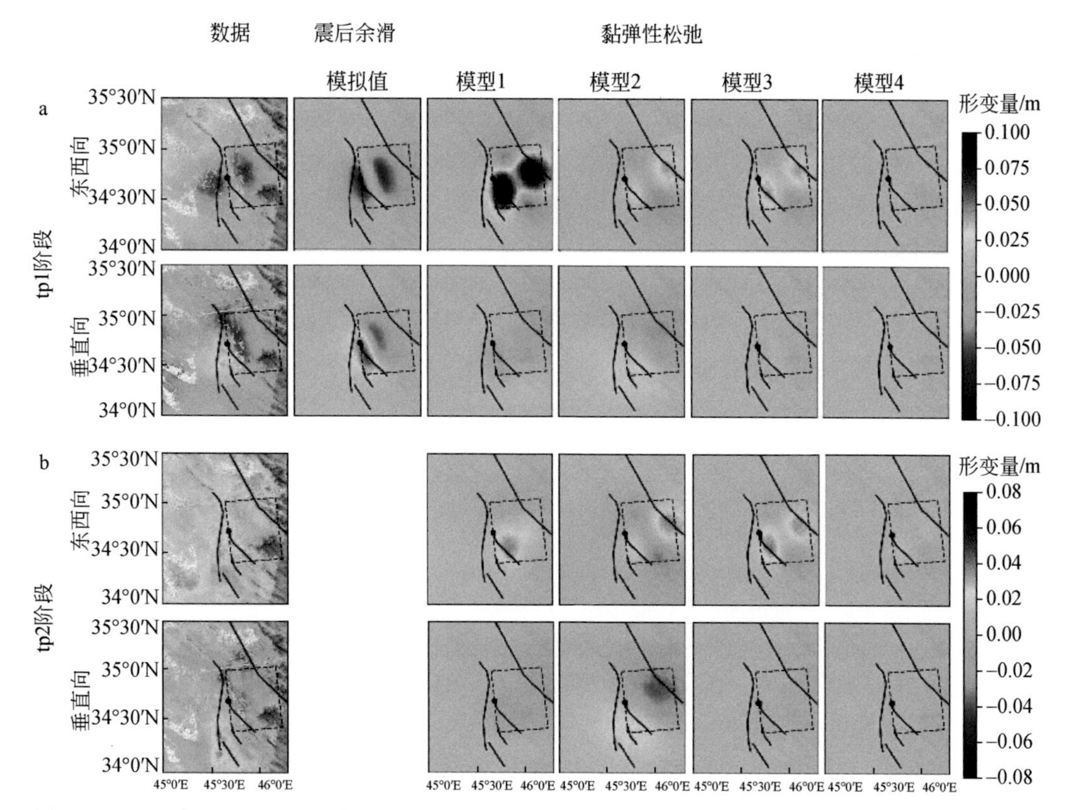

图 6.11　2017 年 11 月至 2018 年 6 月和 2018 年 6 月至 2019 年 4 月两时段的 InSAR、震后余滑模拟及黏弹性松弛模拟的垂直向和东西向形变场（剔除余震造成的形变）

对于 tp2 阶段，InSAR 结果和黏弹性松弛模拟的地表形变之间的相关性很低，并且 InSAR 结果显示并没有明显的震后形变信号。这说明该阶段黏弹性松弛效应产生的地表形变低于时序 InSAR 技术的监测精度，并且也意味着该地区下地壳和上地幔的黏滞系数应高于 1×10^{18} Pa·s。美国加利福尼亚地区于 1999 年 10 月发生了矩震级 7.1 级的 Hector Mine 地震，研究学者（Pollitz et al.，2001）在与本研究相同的时间范围内，观测到了明显的黏弹性松弛引起的震后形变场，并反演出下地壳黏滞系数为 1×10^{17} Pa·s，上地幔黏滞系数为 1×10^{19} Pa·s。伊朗地震和 Hector Mine 地震具有相似的矩震级，并且研究时间范围相似，但是我们并未观测到明显的由黏弹性松弛效应引起的震后形变场，这说明伊朗地区的黏滞系数要高于 1×10^{17} Pa·s。同时，全球热流数据显示，该地区的热流低于加利福尼亚地区（Simmons and Horai，1968），这再次证明了伊朗地区的黏滞系数应该高于加利福尼亚地区。较高的黏滞系数意味着在我们的研究时段内，震区的岩石圈可视为弹性体。如果想要观测到明显的黏弹性松弛形变，需要更长的观测时间。

6.3 本章小结

本章对震后形变机制及研究方法进行了详细的介绍，并且以 2017 年 11 月 12 日伊朗矩震级 7.3 级逆冲地震为例，对比震后余滑和黏弹性松弛造成的震后形变场，探讨并确定了此次地震的震后形变机制，约束了震区黏滞系数。研究发现，此次地震的震后形变以震后余滑为主，作用时段约为 190 天（2017 年 11 月至 2018 年 6 月），释放能量约占同震的 12%，并且位于同震断层破裂区域的上倾向部位。同时在 2018 年 6 月至 2019 年 4 月期间，我们没有观测到明显的黏弹性松弛造成的震后形变场，进而判断震区下地壳和上地幔的黏滞系数高于 1×10^{18} Pa·s。

参考文献

刁法启，2011. 基于 GPS 观测的同震、震后形变研究. 北京：中国科学院大学.

温扬茂，2009. 利用 InSAR 资料研究若干强震的同震和震后形变. 武汉：武汉大学.

Ambraseys N N，Melville C P，2005. A history of Persian earthquakes. Cambridge：Cambridge University Press.

Avouac J P，2015. From geodetic imaging of seismic and aseismic fault slip to dynamic modeling of the seismic cycle. Jannual Review of Earth Planetary Sciences，43：233-271.

Bagnardi M，Hooper A J，2018. Inversion of surface deformation data for rapid estimates of source parameters and uncertainties：A Bayesian approach. Geochemistry，Geophysics，Geosystems，19：2194-2211.

Barnhart W D，Brengman C M J，Li S，et al.，2018. Ramp-flat basement structures of the Zagros Mountains inferred from co-seismic slip and afterslip of the 2017 M_W 7.3 Darbandikhan，Iran/Iraq earthquake. Earth and Planetary Science Letters，496：96-107.

Bürgmann R，Kogan M G，Levin V E，et al.，2001. Rapid aseismic moment release following the 5 December，1997 Kronotsky，Kamchatka，Earthquake. Geophysical Research Letters，28：1331-1334.

Deng J S，Gurnis M，Kanamori H，et al.，1998. Viscoelastic flow in the lower crust after the 1992 Landers，California，earthquake. Science，282：1689-1692.

Feigl K L, Thatcher W, 2006. Geodetic observations of post-seismic transients in the context of the earthquake deformation cycle. Comptes Rendus-Géoscience, 338: 1012-1028.

Freed A M, Bürgmann R, Calais E, et al., 2006. Implications of deformation following the 2002 Denali, Alaska, earthquake for postseismic relaxation processes and lithospheric rheology. Journal of Geophysical Research Solid Earth, 111: 1-23.

Jónsson S, Segall P, Pedersen R, et al., 2003. Post-earthquake ground movements correlated to pore-pressure transients. Nature, 424: 179-183.

Laske G, Masters G, Ma Z, et al., 2013. Update on CRUST 1.0-A 1-degree global model of earth's crust: EGU General Assembly 2013. Geophys Res Abstr, 15 (Abstract EGU2013-2658).

Noel G, Falk A, 2006. Postseismic mantle relaxation in the central nevada seismic belt. Science, 310: 1473-1476.

Nur A, Mavko G, 1974. Postseismic viscoelastic rebound. Science, 183: 204-206.

Okada Y, 1985. Surface deformation to shear and tensile faults in a halfspace. Bulletin of the Seismological Society of America, 75: 1135-1154.

Pollitz F F, 2003. Transient rheology of the uppermost mantle beneath the Mojave Desert, California. Earth & Planetary Science Letters, 215: 89-104.

Pollitz F F, Gilles P, Roland B, 2000. Mobility of continental mantle: Evidence from postseismic geodetic observations following the 1992 Landers earthquake. Journal of Geophysical Research, 105: 8035.

Pollitz F F, Wicks C, Thatcher W, 2001. Mantle flow beneath a continental strike-slip fault: postseismic deformation after the 1999 Hector Mine earthquake. Science, 293: 1814-1818.

Reid H F, 1910. Mechanics of the earthquake, the California Earthquake of April 18, 1906. Report of the State Investigation Commission, Carnegie Institution of Washington, Washington DC.

Segall P, 2010. Earthquake and volcano deformation. Princeton: Princeton University Press.

Shen Z K, Lv J N, Wang M, et al., 2005. Contemporary crustal deformation around the southeast borderland of the Tibetan Plateau. Journal of Geophysical Research Solid Earth, 110 (11): B11409.

Simmons G, Horai K I, 1968. Heat flow data2. Journal of Geophysical Research, 73: 6609-6629.

Thatcher W, 1983. Nonlinear strain buildup and the earthquake cycle on the San Andreas Fault. Journal of Geophysical Research Solid Earth, 88: 5893-5902.

Vajedian S, Motagh M, Mousavi Z, et al., 2018. Coseismic deformation field of the M_W 7.3 November 2017 Sarpol-e Zahab (Iran) earthquake: a decoupling horizon in the northern Zagros mountains inferred from InSAR observations. Remote Sensing, 10 (10): 1589.

Vernant P, Nilforoushan F, Hatzfeld D, et al., 2004. Preset-day crustal deformation and plate kinematics in the Middle East constrained by GPS measurements in Iran and northern Oman. Geophysical Journal International, 157: 381-398.

Wang L, Wang R, Roth F, et al., 2009. Afterslip and viscoelastic relaxation following the 1999 M 7.4 Izmit earthquake from GPS measurements. Geophysical Journal International, 178: 1220-1237.

Wang R J, Roth F, 2006. PSGRN/PSCMP—a new code for calculating co- and post-seismic deformation, geoid and gravity changes based on the viscoelastic-gravitational dislocation theory. Oxford: Pergamon Press.

Wang R J, Lorenzo-Martín F, Roth F, 2006. PSGRN/PSCMP—a new code for calculating co- and post-seismic deformation, geoid and gravity changes based on the viscoelastic-gravitational dislocation theory. Computers & Geosciences, 32 (4): 527-541.

Wen Y, Li Z, Xu C, et al., 2012. Postseismic motion after the 2001 M_W 7.8 Kokoxili earthquake in Tibet observed by InSAR time series. Journal of Geophysical Research Atmospheres, 117 (B8): B08405.

Yang C, Han B, Zhao C, et al., 2019. Co- and post- seismic deformation mechanisms of the M_W 7.3 iran earthquake (2017) revealed by sentinel-1 InSAR observations. Remote Sensing, 11 (4): 418.

Zhang Y J, Heresh F, Falk A, 2019. Small baseline InSAR time series analysis: unwrapping error correction and noise reduction. Computers & Geosciences, 133: 104331.

第7章　极化SAR地震灾害建筑物损毁评估与制图

7.1　国内外研究现状

地震灾害具有突发性和毁坏性，并且人类尚且未认知其规律，这给地震灾害防御造成巨大的困难。研究表明，地震发生后建筑物损毁所引起的人员伤亡占总人员伤亡的95%。因此，地震灾害发生后，建筑物损毁情况的快速准确评估对于紧急救援具有十分重要的意义。SAR具有不受云雨天气影响可快速对地成像的优势，因此是地震灾害发生后建筑物损毁监测与评估的重要手段。根据SAR数据源的极化方式，建筑物损毁评估制图的方法可以分为两大类。

7.1.1　基于单极化SAR的建筑物损毁监测研究

一般中低分辨率的SAR图像是通过地震前后图像的变化来检测地震灾害情况（Gamba et al.，2007，Jin and Wang，2009）。主要有两种检测方法，一种是利用地震前后的SAR图像的强度信号的相关性进行震害探测；另一种是利用SAR的干涉相干性来进行震害探测。Matsuoka和Yamazaki（2005）利用ENVISAT ASAR数据对伊朗地震的建筑物损毁进行分析，利用地震发生前后的SAR图像的强度变化情况和相关特征建立模型，提取该区域的损毁建筑物。Matsuoka和Yamazaki（2012）利用欧洲遥感卫星（ERS）数据，将雷达强度信号与相干系数结合对建筑物损毁区域进行监测和分析，并提出了一个指标来对建筑物损毁程度进行分类评估，实验证明该方法精度较高。Yonezawa和Takeuchi（2002）利用ERS-1数据对1995年日本神户地震进行分析，发现短基线距像对更有利于去相干来对建筑物损毁进行监测。Zhang等（2002）通过利用张北地震前后的高分辨率SAR数据，分析了损毁建筑物的灰度方差差异性和平均灰度，对建筑物的损毁情况进行了监测和定量提取。Liu等（2010）利用ENVISAT ASAR数据对汶川地震的损毁建筑物进行研究，发现相干系数变化的指数与损毁程度之间具有较高的相关性。

近几年来，随着TerraSAR-X、TanDEM-X以及COSMO-SkyMed卫星的发射开辟了星载SAR高分辨率的数据时代，同时也给现有技术提出了巨大的挑战。在高分辨率SAR图像中，建筑物能够清晰地以单个目标存在，因此提高了目视解译的效果，使其具有更佳的可视性。但电磁波在建筑物与建筑物之间、建筑物与地表之间存在多次散射，这使得建筑物在高分辨率的 SAR 图像上的信息更为复杂（Hosokawa and Jeong，2007）。因此，如何从复杂背景中提取城市建筑物灾害损毁信息也成了新的研究热点。

Brunner 等（2010）和 Ferro 等（2011）结合微波暗室测量、理论计算和 SAR 图像等手段，考察了 SAR 图像中二次反射的变化情况，发现二次反射特征与建筑物和雷达照射信号之间的角度有很大的相关性。Guida 等（2010）利用地震前后的两景 COSMO-SkyMed 数据，在震前图像中检测由墙–地结构组成的二面角产生的二次反射亮线，并与地震前后的比值图相乘，通过比较二次反射能量的变化来提取损毁建筑物。该方法只利用了 SAR 图像的幅度信息，拥有快速和简单的优势。

高分辨率的光学数据符合人眼的视觉习惯，在 SAR 图像中建筑物的表现为高亮区，因此将两种数据相结合更有利于建筑物损毁的检测与分析（Brunner et al.，2010，Chini et al.，2008，Gamba et al.，2007）。Sportouche 等（2009）利用 QuickBird 数据提取了建筑物区域，并利用 TerraSAR-X 数据对该区域的建筑物的高度进行了三维重建。Dell'Acqua 等（2009）利用地震前和地震后的两景高分辨率 SAR 数据对建筑物区的损毁进行探测和分析，实验表明完好的建筑物区域可以从震前、震后的光学数据中提取出来，并且通过对震前、震后建筑物的比较可以较好地对损毁区域进行监测。Brunner 等（2010）基于 QuickBird 和 WorldView-1 高分辨率光学图像提取了建筑物的相关参数，然后依据 TerraSAR-X 和 COSMO-SkyMed 数据提取方位向和距离向的分辨率、入射角以及建筑物的方位角，并提出了一种将高分辨率光学数据和 SAR 图像相结合来探测建筑物损毁的方法，结果表明倒塌建筑物的识别正确率可以到达 90% 左右。对于高分辨率 SAR 图像，可以利用 SAR 图像纹理特征的变化来提取损毁区域。雷达数据和高分辨率的光学图像相结合的方法将不同传感器的有效数据进行结合，所以结果更加准确和可靠。但是由于数据需求量的不断增加，增加了数据处理的时间，数据获取的难度以及成本也相对较高。

SAR 图像中地物可以通过基本散射特性（如二面角、角反射器等）来分析（Xia and Henderson，1997）。在实际的场景中，城市复杂的区域结构和环境导致很难将建筑物上发生散射的结构和 SAR 图像中具体的散射点联系起来。因而对建筑物在 SAR 图像中的特征进行深层次的分析也是非常困难的（龚丽霞等，2013）。通过电磁模拟的方法，可以将建筑物的不同结构去除和叠加，这将有助于正确地理解和分析图像中建筑物的成像机理。Wang 和 Jin 等（2011）利用我国自行研制的机载高分辨率 SAR 数据和 Cosmo-SkyMed 数据，结合实地考察的实测资料，分析了汶川地震中建筑物、公路以及桥梁等地物损毁前后的图像特征，总结出了高分辨率 SAR 图像中不同地物类型在地震损毁后的规律和特点。温晓阳等（2009）利用电磁模拟的方法分析汶川地震中不同损毁程度的建筑物特征，利用 SAR 图像模拟建筑物损毁情况，并与实际获取的机载 X 波段 SAR 图像进行了对比，结果表明该方法能够正确分析建筑物结构变化对 SAR 图像特征的变化，模拟出主要的强散射点。Balz 和 Liao（2010）利用汶川地震中的 TerraSAR-X 和 Cosmo-SkyMed 的高分辨率 SAR 数据，对单个建筑物进行模拟来分析不同的状态下的损毁建筑物的特征，并总结了利用高分辨率 SAR 数据进行建筑物损毁检测的主要方法和流程。虽然利用模拟分析的方法，弥补了实际应用中难以获取大量的样本造成的数据不足的问题，但模拟数据仍与实际成像数据之间存在着很多差别，这在分析中可能会带来很大的偏差。

7.1.2 基于全极化SAR的建筑物损毁监测研究

极化信息的提取已经成为近几年SAR遥感发展的新方向。相对于单极化数据而言，全极化SAR图像可以更好地阐释散射机制的变化，并且蕴含着丰富的极化信息（Greatbatch，2012），因此，如何合理利用极化特征来提取灾后建筑物的损毁信息成了研究的重点（王庆，2014；闫丽丽，2013；孙萍，2013）。全极化SAR技术的优势已经被大量的应用所证明（Greatbatch，2012；Lee et al.，2001）。

目前已经有很多人通过研究单时相震后SAR图像来进行灾害信息提取。Wang和Jin（2011）利用三角棱柱法计算震后高分辨率COSMO-SkyMed图像的分维值，通过与高分辨率光学图像进行对比，发现高分维值对应建筑物损毁严重区域，进而对建筑物损毁情况进行了评估。Li等（2012）利用RADARSAT-2数据，根据圆极化相关系数与倒塌建筑物的相关性，提出了基于极化参数H-α-ρ的震后倒塌建筑区提取方法。Zhai和Zhao（2016）利用$H/A/\alpha$-Wishart非监督分类的方法，结合基于最小异质性准则的聚合层次聚类的算法，对建筑物的震害信息进行提取，并且证明了其可行性。Guo等（2009）利用RADARSAT-2全极化数据，用圆极化相关系数ρ_{RRLL}、二次散射分量P_d和各向异性度A提取汶川地震后的倒塌建筑物，并与高分辨率光学图像进行对比，证明了该方法的有效性。Zhang等（2015）利用RADARSAT-2极化数据，对玉树地震中的损毁建筑物使用最优极化对比度增强法来进行检测，实验结果表明该方法对取向角相同的建筑物区域的效果更好。Ainsworth等（2008）使用ESAR数据，利用圆极化相关系数对居民区建筑物提取进行了研究，并且提出了一种针对反对称反射体识别的规范化相关系数，并且证明了该系数的有效性。但是，单幅图像因为没有灾害前后的信息对比分析，所以能获取的震后信息有限，实验效果并不明显，并且获得的损毁结果精度较差。

基于灾前、灾后数据的灾害信息提取可以获取丰富的极化信息，同时可以将建筑物损毁前后的特征进行对比，并且部分学者已经进行了实验研究，证明了该方法有较好的提取效果（Bovolo et al.，2009）。但是由于数据源稀缺，关于利用全极化SAR进行建筑物损毁分析的论文和研究较少（Sato et al.，2012；Watanabe et al.，2012）。卫星轨道的规律性能够使得雷达卫星可以重复访问同一个地区，并积累图像的存档，用于灾害前后的数据对比。通过这些多时相的图像，可以了解和检测灾害引起的变化情况。如Park等（2012）利用地震前后的ALOS PALSAR图像，进行了变化检测的研究，实验发现震后建筑物区域的极化特征，如$H/A/\alpha$特征，Yamaguchi分解得到的散射成分分量P_s、P_d、P_v等均发生了变化。Watanabe等（2012）利用ALOS和PiSAR数据对地震前后的极化参数和散射机制做了对比分析，通过实验提出了一系列能够检测灾害信息的极化参数和极化特征。Chen等则利用ALOS PALSAR数据，对比多幅灾前、灾后图像进行实验，发现建筑物区域的损毁程度与Yamaguchi分解二次散射分量的变化量、极化方位角θ的标准差有关，因此利用这两个极化参量建立损毁指标来指示建筑物的损毁程度，并进行了损毁制图（Chen and Sato，2013；Chen et al.，2016）。Guo等（2010）利用地震前后的两景ALOS PALSAR数据对玉树地震进行了建筑物倒塌信息的提取与分析，并利用平均散射角以及极化散射熵值来提取地表信息，然后根据圆极化相关系数来辨别倒塌和未倒塌的建筑物，实验证明了该方法的有效性。

7.2 建筑物目标损毁实验室仿真成像与极化散射特征分析

7.2.1 建筑物目标及损毁实验室仿真成像

利用原中国科学院遥感与数字地球研究所（现为中国科学院空天信息创新研究院）研建的微波特性测量与仿真成像科学实验平台对建筑物目标及损毁情况进行仿真成像实验，然后利用获取的仿真图像进行极化散射特征分解，从而提取适合用于建筑物损毁评估的指标。

微波特性测量与仿真成像科学实验平台位于浙江省德清县，是目前亚洲唯一、性能先进、高度集成的大型微波遥感基础实验科学装置。其在 24m×24m×17m 空间内构建了纯净无干扰的微波测试环境，精确的轨道系统可以实现天线与待测目标之间定量化的相对位置与相对运动控制，能够获取待测目标在 0.8～20GHz 频率范围内的连续微波波谱特征，同时可以完成对典型组件—目标—场景的微波特性全要素（多波段、全极化 HH/HV/VH/VV、多角度 0°～90°、全方位向 0°～360°）微波特性测量与 SAR 成像模拟。平台的内景照片和具体参数如图 7.1 和表 7.1 所示。

图 7.1 微波特性测量与仿真成像科学实验平台内景照片

表 7.1　微波特性测量与仿真成像科学实验平台功能及性能参数

功能	参数
波段范围	0.8～20GHz
极化方式	单极化/双极化/全极化
入射角	0°～90°
方位向	0°～360°
轨道精度	毫米级精确控制
成像模式	SpotLight/StripMap/ISAR 等模式 双天线 InSAR 成像技术 3D 层析 SAR 成像技术 双站测量
被测目标尺寸	$1cm^3$～4m×3m×3m

首先，利用近似真实建筑物材料制作了 1∶50 缩比的建筑物目标三维缩比模型，图 7.2a为完好建筑物俯视图，图 7.2b 为损毁建筑物图像。然后，利用微波特性测量与仿真成像科学实验平台获得了建筑物损毁前后 50°入射角，不同方位角（0°、30°、60°、90°、120°、150°、180°）的 Ku 波段极化 SAR 图像（测量分辨率为 5cm，等效分辨率为 2.5m）。其中，入射角定义为微波馈源相对于平台水平方向的夹角，方位角定义为模型与平台北方向的夹角，如图 7.3 所示。

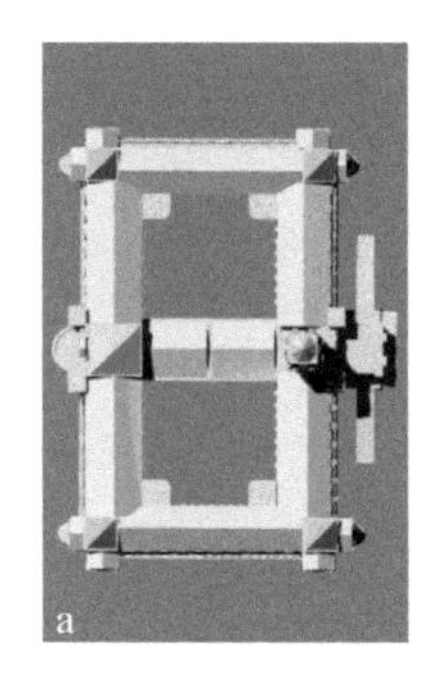

图 7.2　完好与损毁建筑物缩比模型（1∶50 缩比）
a. 完好建筑物俯视图；b. 损毁建筑物图像

图 7.4 是建筑物损毁前后 50°入射角，0°方位角的 Ku 波段 SAR 图像；图 7.5 是损毁前后入射角为 50°，方位角为 30°，等效分辨率为 2.5m 的测量结果对比；图 7.6 是损毁前后入射角为 50°，方位角为 60°，等效分辨率为 2.5m 的测量结果对比；图 7.7 是损毁前后入射角为 50°，方位角为 90°，等效分辨率为 2.5m 的测量结果对比，图 7.8 是损毁前后入射角为 50°，方位角为 180°，等效分辨率为 2.5m 的测量结果对比。其中左侧为损毁前图像，右侧为损毁后图像。

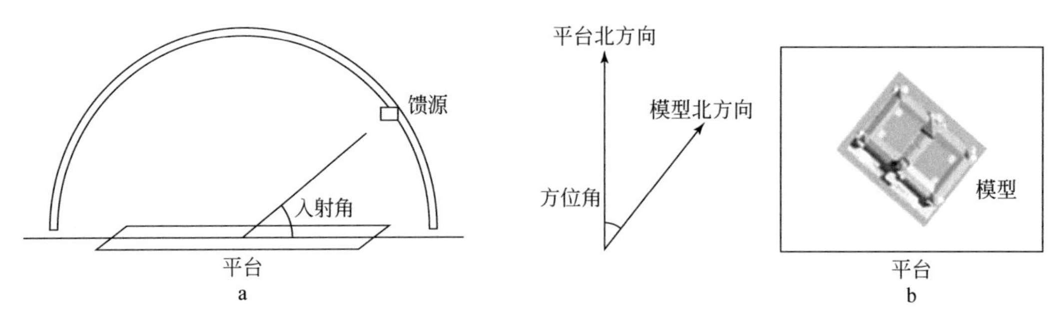

图 7.3 入射角与方位角定义

a. 入射角定义；b. 方位角定义

通过对比该建筑物损毁前后 SAR 图像，可以发现：①完整建筑物图像特征与墙-地结构具有较好的对应关系，图像灰度层次分明；损毁建筑物图像特征则较为杂乱，表现为随机分布的亮点，与完整建筑物的结构没有对应关系；即 SAR 图像特征能够较好地表征目标建筑物的几何结构。②建筑物在不同极化方式下的图像特征具有明显的差异。损毁前后的建筑物 RCS（雷达散射截面）值都呈现出 HH>VV>HV/VH，其中 HH 与 VV 图像特征更加鲜明，HV 与 VH 图像则更具有相似性。同时，在各极化方式下，损毁后的建筑物 RCS 值较损毁前都有显著的下降。这意味着采用多极化 SAR 图像能更完整地描述目标建筑物的结构特征，更有利于进行建筑物损毁检测。

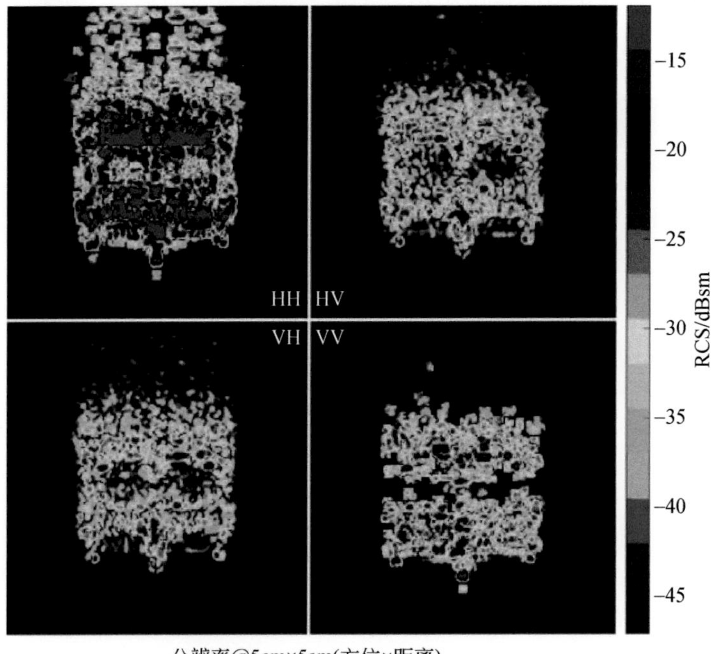

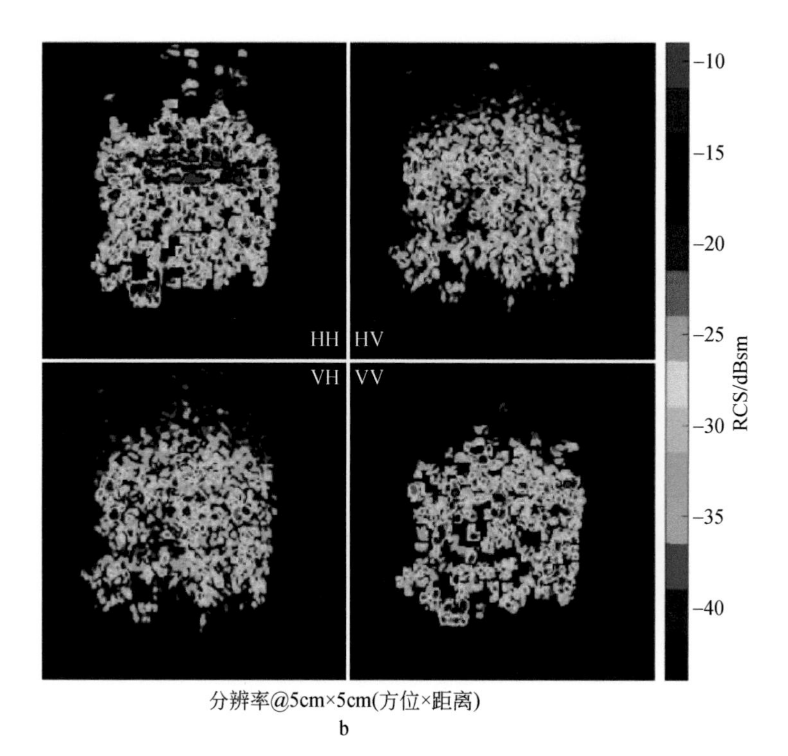

图 7.4　损毁前后测量结果对比（Ku 波段 13.6GHz，入射角 50°，方位角为 0°，等效分辨率 2.5m）

a. 损毁前；b. 损毁后；dBsm，dB square meter，分贝平方米

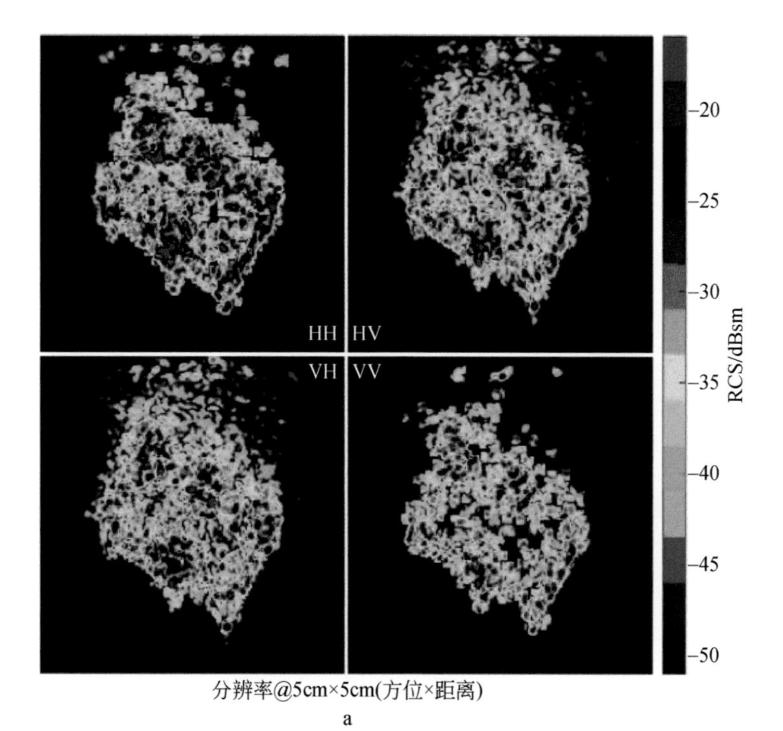

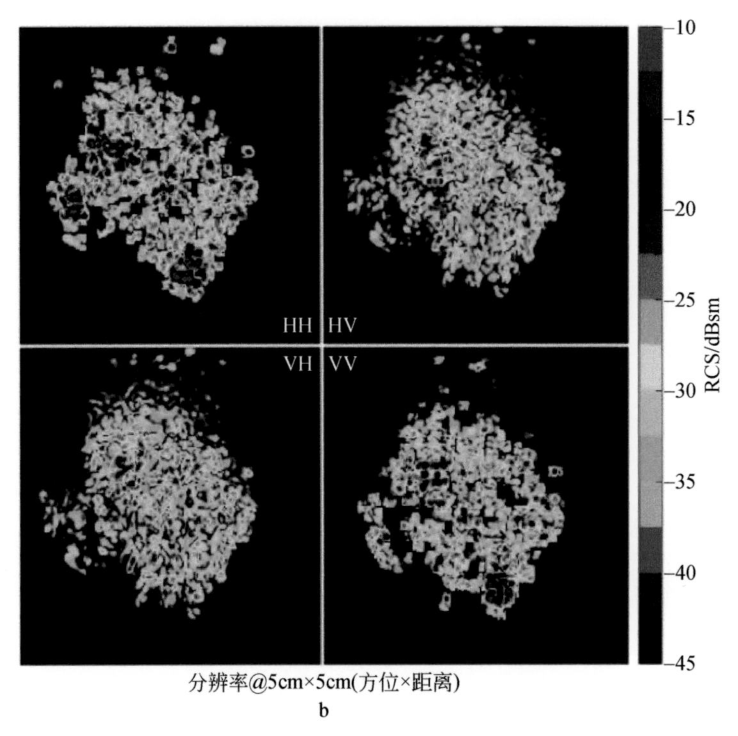

图 7.5 损毁前后测量结果对比（Ku 波段 13.6GHz，入射角 50°，方位角为 30°，等效分辨率 2.5m）

a. 损毁前；b. 损毁后

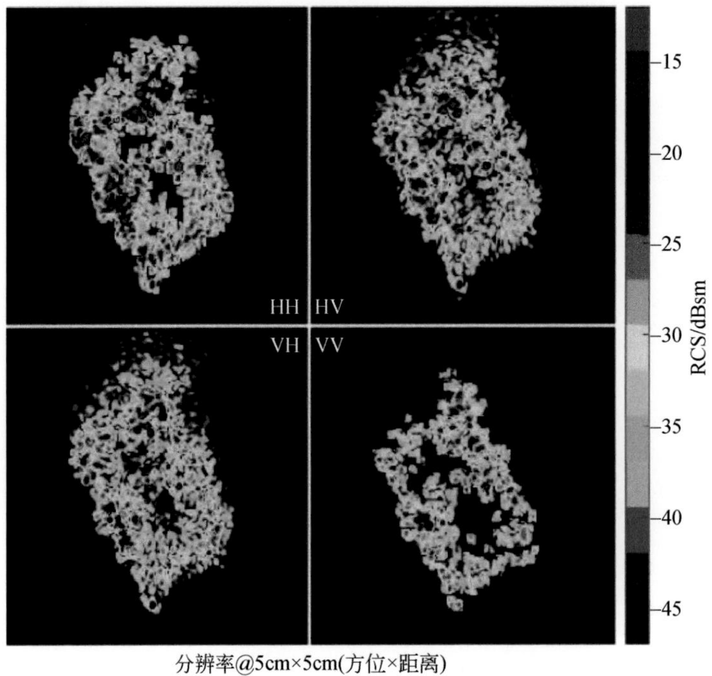

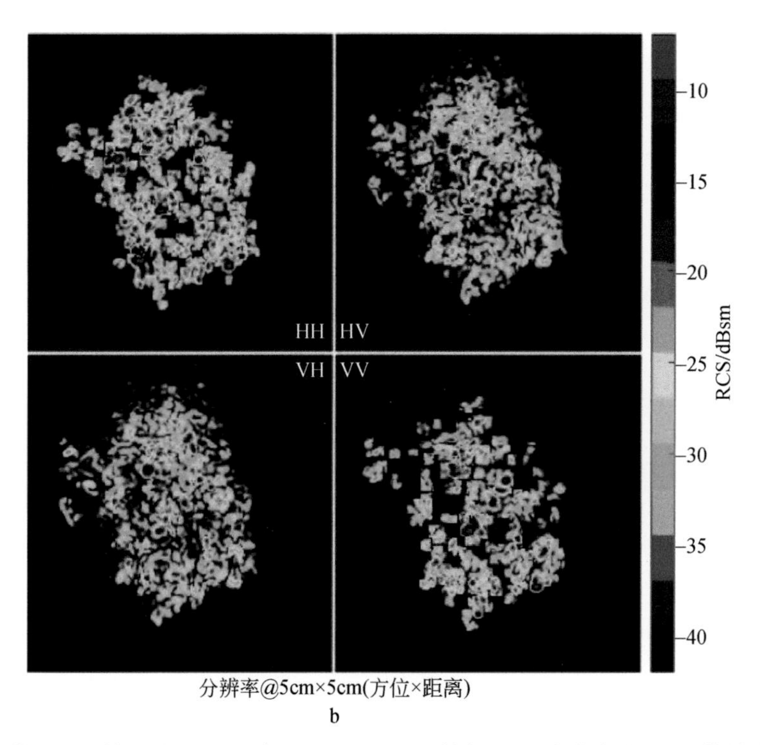

图 7.6　损毁前后测量结果对比（Ku 波段 13.6GHz，入射角 50°，方位角为 60°，等效分辨率 2.5m）

a. 损毁前；b. 损毁后

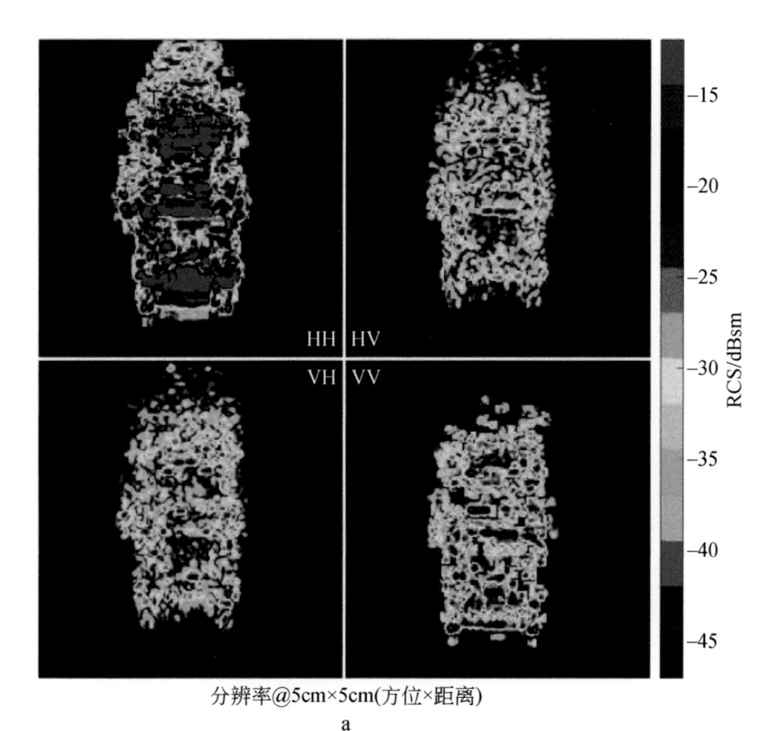

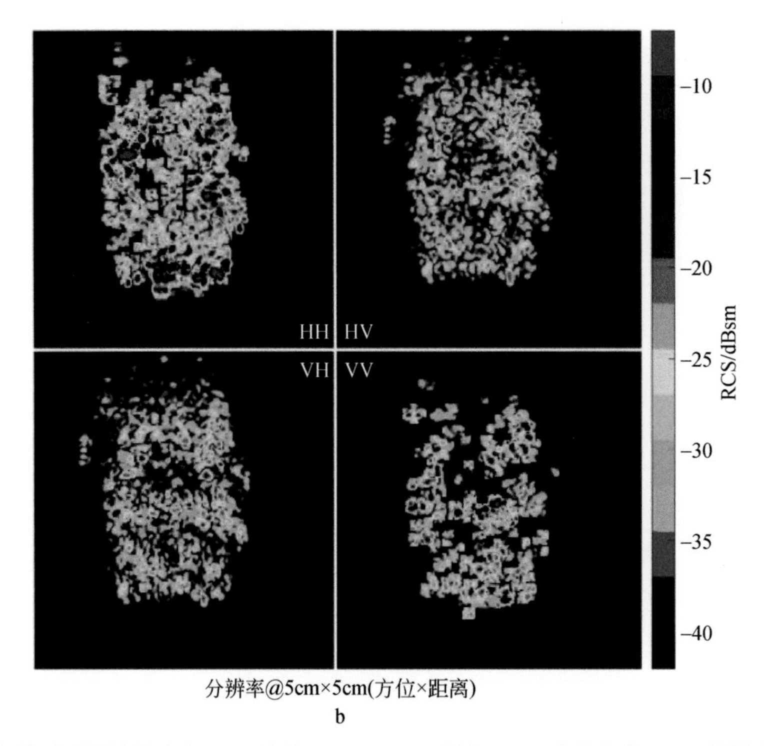

b

图 7.7 损毁前后测量结果对比（Ku 波段 13.6GHz，入射角 50°，方位角为 90°，等效分辨率 2.5m）

a. 损毁前；b. 损毁后

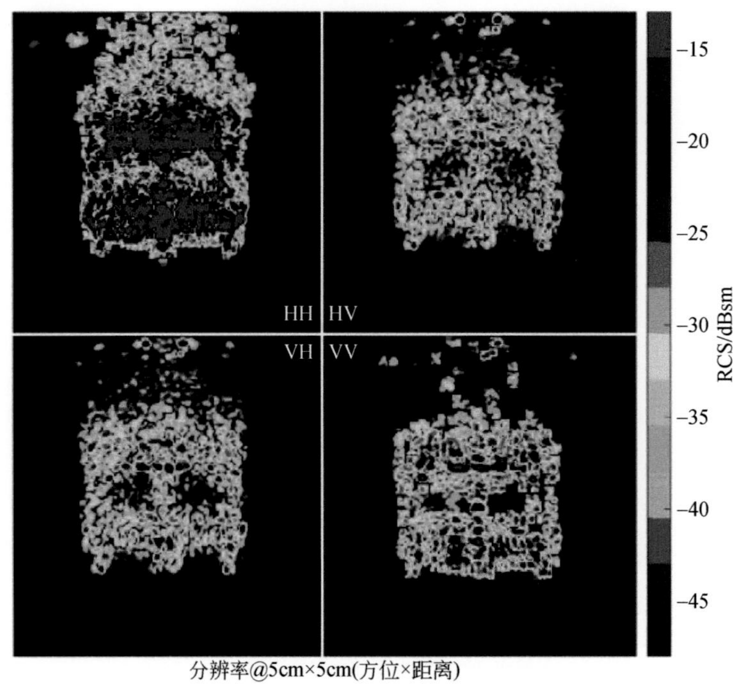

a

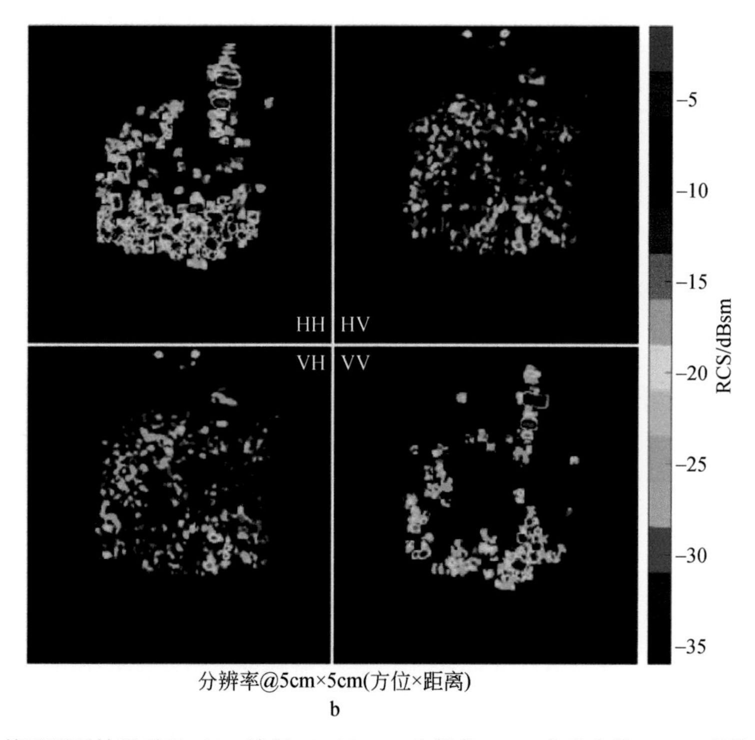

图 7.8　损毁前后测量结果对比（Ku 波段 13.6GHz，入射角 50°，方位角为 180°，等效分辨率 2.5m）
a. 损毁前；b. 损毁后

7.2.2　极化分解方法

极化矩阵能够将目标散射回波能量特性、相位特性和极化特性统一起来，来表征地物目标的电磁散射特性。地物目标的极化特性和它自身的形状结构有关，可以反映目标物表面的粗糙度、对称性与取向等信息。通过对极化矩阵进行极化分解，可以提取目标物的极化特性。

目标极化分解理论最早由 Huynen 提出，目的是采用物理特性以更好地解释地物的散射特性，其促进了对极化特性的充分利用。目前，目标极化分解主要分为相干目标分解（CTD）和非相干目标分解（ICTD）两大类。由于建筑物损毁的散射过程可以看作一个随机、不确定的过程，因而采用非相关目标分解方法进行研究。

常用的非相干目标分解方法有 Freeman-Durden 分解、Yamaguchi 分解、Cloude-Pottier 分解、$H/A/\alpha$ 分解和 Touzi 分解。我们通过对以上常见的极化分解方法进行试验，发现 Yamaguchi 分解和 Touzi 分解最能有效反映建筑物目标的散射特征，并且极化参数分布在建筑物损毁前后有着明显的规律性。因此重点对二者进行了分析与详述。

1. Yamaguchi 分解

Yamaguchi 分解在考虑了城市和其他复杂的地形的反射不对称的情况后，在 Freeman-Durden 的理论基础上，引入了第四个极化参量螺旋散射体分量，建立了一种四分量模型，使得对于非方位向对称的地物也可以使用。该分量由螺旋体（等价于左旋或右旋圆极化状态）的散射引起，常常出现在城市场景中，一般不存在于自然分布场中，这是与城市区域占主导的建筑物的复杂形状有关的。因此，Yamaguchi 分解常用于建筑物的结构和损毁的表述。

Yamaguchi 分解模型为

$$\boldsymbol{C}=f_s\boldsymbol{C}_s+f_d\boldsymbol{C}_d+f_v\boldsymbol{C}_v+f_h\boldsymbol{C}_h \tag{7.1}$$

式中，$\boldsymbol{C}$ 为该像元的协方差矩阵；$\boldsymbol{C}_s$、$\boldsymbol{C}_d$、$\boldsymbol{C}_v$、$\boldsymbol{C}_h$分别为表面散射协方差矩阵、二次散射协方差矩阵、体散射协方差矩阵和螺旋体散射协方差矩阵；f_s、f_d、f_v、f_h分别为表面散射分解系数、二次散射分解系数、体散射分解系数和螺旋体散射分解系数。

Yamaguchi 分解获得的各散射成分的功率以及总功率表达公式为

$$\left.\begin{aligned}P_s&=f_s(1+|\beta|^2)\\P_d&=f_d(1+|\alpha|^2)\\P_v&=f_v\\P_h&=f_h\\P&=P_s+P_d+P_v+P_h\end{aligned}\right\} \tag{7.2}$$

式中，P 为总功率；P_s、P_d、P_v、P_h分别为表面散射功率、二次散射功率、体散射功率和螺旋散射功率；β 为正交线性极化基（H，V）的比值；α 为二面角散射分量协方差矩阵中的复数。

受到极化方位角偏移的影响，量测到的极化相干矩阵会对极化参数分解造成影响，因此对于 Yamaguchi 分解往往需要进行极化方位角补偿处理。极化方位角的概念最开始是 Huynen 在对 $\boldsymbol{S}$ 矩阵进行目标分解时提出的，其通常由地形起伏或人造建筑物方位布局引起。极化方位角补偿又称作去定向处理，实际上就是目标围绕极化方位角旋转的过程。目标在垂直于雷达视线的平面上围绕着雷达入射的方向进行旋转，旋转角度的方向利用右手螺旋准则来确定。

一个目标在某一位置测得的散射矩阵为 $\boldsymbol{S}_0$，接收到电磁波E_1，那么其散射电磁波E_S为

$$E_S=\boldsymbol{S}_0E_1 \tag{7.3}$$

而目标旋转角度 θ 相当于目标保持静止，雷达顺时针旋转 θ，也就是说坐标系顺时针旋转角度 θ，那么新坐标系下E_1和E_S就会变为

$$\begin{bmatrix}\cos\theta & -\sin\theta\\ \sin\theta & \cos\theta\end{bmatrix}E_S=\boldsymbol{S}\cdot\begin{bmatrix}\cos\theta & -\sin\theta\\ \sin\theta & \cos\theta\end{bmatrix}E_1 \tag{7.4}$$

其中 $\boldsymbol{S}$ 表示目标旋转后的散射矩阵，利用式（7.3）和式（7.4）可以得到 $\boldsymbol{S}$ 和 $\boldsymbol{S}_0$的关系：

$$\boldsymbol{S}=\begin{bmatrix}\cos\theta & -\sin\theta\\ \sin\theta & \cos\theta\end{bmatrix}\boldsymbol{S}_0\begin{bmatrix}\cos\theta & \sin\theta\\ -\sin\theta & \cos\theta\end{bmatrix} \tag{7.5}$$

若定义旋转前目标的极化方位角为 0，那么旋转后目标的极化方位角就为 θ。由式（7.5)可以得到由实际测得的含有极化方位角的 $\boldsymbol{S}$ 矩阵，然后经过旋转得到标准位置散

射矩阵 $\boldsymbol{S}_0$的去定向旋转公式：

$$\boldsymbol{S}_0=\begin{bmatrix}\cos\theta & \sin\theta\\ -\sin\theta & \cos\theta\end{bmatrix}\boldsymbol{S}_0\begin{bmatrix}\cos\theta & -\sin\theta\\ \sin\theta & \cos\theta\end{bmatrix} \tag{7.6}$$

Yamaguchi 分解得到的四分量结果分别为二次散射分量、螺旋散射分量、面散射分量、体散射分量。为了评估各分量在建筑物损毁评估应用中的潜力，本书对这四分量都进行了试验。鉴于二次散射主要源于完整的墙-地结构（主要存在于完好建筑物），而损毁的建筑物则会由于不同的损毁程度造成不同破损状态的墙-地结构，从而产生其他各类散射。若定义二次散射分量占比为二次散射分量占总的四分量的比值：

$$R_{\mathrm{S}}=\frac{\mathrm{Dbl}}{\mathrm{Dbl+Hlx+Odd+Vol}} \tag{7.7}$$

式中，Dbl、Hlx、Odd、Vol 分别为二次散射分量、螺旋散射分量、面散射分量、体散射分量。这意味着二次散射分量占比描述了完整的墙-地结构在建筑物中的占比状况，即二次散射分量占比的变化反映了建筑物从完好结构到损毁状态的变化。因此，我们还对二次散射分量占比进行了试验。

2. Touzi 分解

Touzi 分解是一种针对 Cloude-Pottier 分解对于特定散射机制散射类型的模糊性提出的一种旋转不变（roll-invariant）的非相干分解方法。Cloude-Pottier 分解将相干矩阵［$\boldsymbol{T}$］分解为独立的相干矩阵［$\boldsymbol{T}_n$］之和：

$$[\boldsymbol{T}]=\sum_{i=1}^{3}\lambda_i[\boldsymbol{T}_i] \tag{7.8}$$

因此，每一个散射机制 $i(i=1,2,3)$ 可以用秩为 1 的相干矩阵［$\boldsymbol{T}_i$］和相应的标准正实部特征值$\lambda_i/(\lambda_1+\lambda_2+\lambda_3)$ 来表示，并且可以用目标矢量$\vec{\boldsymbol{k}}_i$来表示：

$$[\boldsymbol{T}_i]=\vec{\boldsymbol{k}}_i\cdot\vec{\boldsymbol{k}}_i^{*\mathrm{T}} \tag{7.9}$$

式中，$*$ 为共轭，T 为向量转置。Cloude 指出，每一个目标矢量$\vec{\boldsymbol{k}}_i$有一个等价的单次散射矩阵$[\boldsymbol{S}]_i$，$\vec{\boldsymbol{k}}_i$可以用该矩阵中的元素来表示：

$$\vec{\boldsymbol{k}}_i=\frac{1}{\sqrt{2}}[(S_{\mathrm{hh}})_i+(S_{\mathrm{vv}})_i,(S_{\mathrm{hh}})_i-(S_{\mathrm{vv}})_i,2(S_{\mathrm{hh}})_i] \tag{7.10}$$

Touzi 分解也是基于相干矩阵［$\boldsymbol{T}$］的特征分解，但是与 Cloude-Pottier 不同，Touzi 分解使用旋转不变的相干散射模型来参数化$\vec{\boldsymbol{k}}_i$。Touzi 分解一共产生 12 个分量：

$$\mathrm{ICTD}_i=(\alpha_{\mathrm{S}i},\phi_{\alpha\mathrm{S}i},\tau_i,\lambda_i) \tag{7.11}$$

其中 $i=1,2,3$，包括了主要散射成分、中等散射成分和低散射成分。复杂散射类型参数α_{S}和$\phi_{\alpha\mathrm{S}}$用来对对称目标散射机制提供明确描述，而 τ 代表了目标散射对称度。其中每一个相干散射机制都可以用散射角α_{S}、散射相位$\phi_{\alpha\mathrm{S}}$和代表目标散射对称度的 τ 的极坐标轴来表示。归一化特征值λ_i表示每一个相应的特征向量 $\boldsymbol{i}$ 所代表的散射机制的相对能量。

Liu 等（2020）基于 ALOS PALSAR 数据研究了 Touzi 分解各分量在 L 波段的分布规律，结果表明α_{S1}、$\phi_{\alpha\mathrm{S1}}$与$|\tau_2|$对建筑物区域比较敏感。其中，α_{S1}反映了区域雷达信号与建筑物结构交互时的主要散射类型；$\phi_{\alpha\mathrm{S1}}$可以用来去除散射机制的模糊性；$|\tau_2|$由于在

纯建筑物区域的值较小，而在存在植被的建筑物区域的值较大，可用于识别建筑物与植被的混合像元。因此，本书在 Ku 波段对 Touzi 分解进行试验的同时，与 L 波段已有的研究进行对比，并重点分析了α_{Si}，$\phi_{\alpha Si}$，$\tau_i(i=1, 2, 3)$ 等 9 个分量。

7.2.3 建筑物损毁前后极化散射特征

通过对建筑物损毁前后 Ku 波段 50°入射角不同方位模拟 SAR 图像进行 Yamaguchi 分解，分别得到了极化方位角、去定向前的四分量结果与去定向后的四分量结果。为了较好地对四分量结果进行分析，我们在各方位向上取了各分量的平均值。总的来说，在入射角为 50°时，同一建筑物在 Ku 波段的极化方位角平均值在不同方位上各不相同，但损毁后的极化方位角明显都更趋于 0°。这是由于极化方位角本身反映了一定的地形信息，当建筑物损毁后，地形坡度都趋于平缓。就四分量结果而言，在去定向前，损毁前后的四分量结果在各方位向上都不具有明显的规律性；在去定向后，损毁前后的四分量结果在各方位向上开始呈现出一定的规律性，尤其是体散射分量分布和二次散射分量占比分布在各方位向上都呈现出损毁前后差异明显的规律。其中，去定向前后的体散射分量分布与二次散射分量占比分布如图 7.9 和图 7.10 所示。

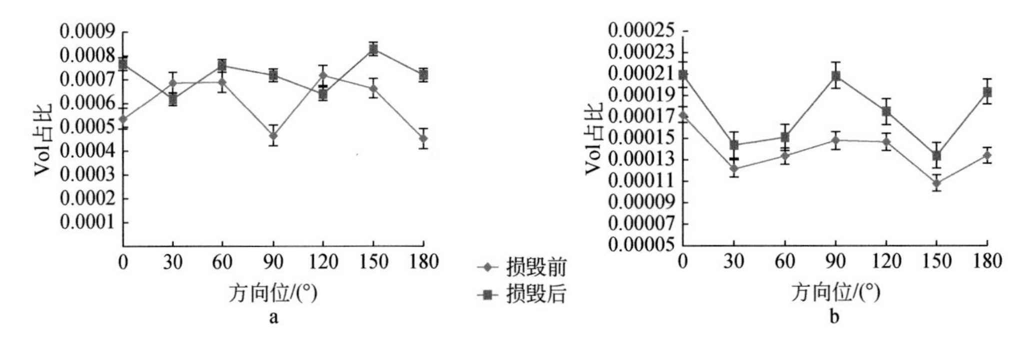

图 7.9 去定向前后的体散射分量占比分布

a. Yamaguchi 分解 Vol 的分布；b. 去定向 Yamaguchi 分解 Vol 的分布

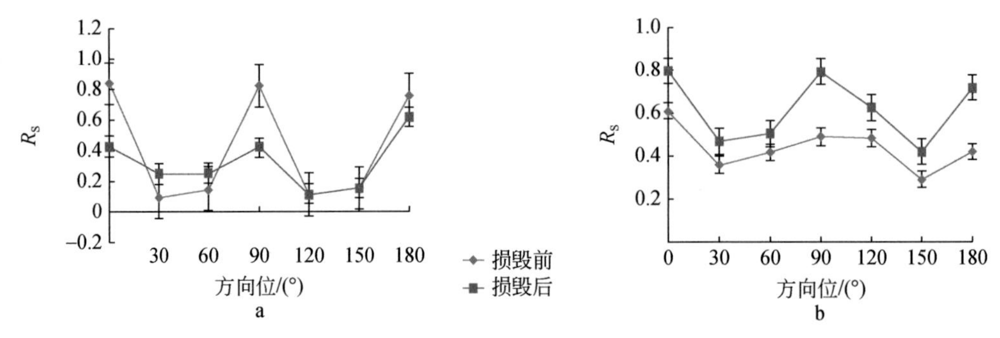

图 7.10 去定向前后的二次散射分量占比分布

a. Yamaguchi 分解 Dbl 的分布；b. 去定向 Yamaguchi 分解 Dbl 的分布

就体散射分量而言，从图 7.9 可以看到去定向后的体散射分量的值在损毁前后都较去定向前的体散射分量的值大，同时经去定向处理后的体散射分量在各方向位上都呈现出损毁后大于损毁前的状态。这是去定向处理消除了极化方位角的影响，而建筑物在损毁后墙-地结构破损、组织破碎化、各类建筑介质愈加混合、多路径效应增加，导致损毁后的建筑物体散射增加。所以在实际应用中，体散射分量分布也对建筑物损毁有指示意义。

相较体散射分量，从图 7.10 可以看到去定向后的二次散射分量占比在各个方位向上都呈现出损毁后明显低于损毁前的状态，即与体散射分量相反。这与我们一开始预计的结果一致，是由于建筑物损毁后，完整的二面角减少，二次散射减少，二次散射分量占比理应降低。但是因为极化方位角的影响，去定向前无法较好地表现出来，而去定向后有了良好的表现。因此，在实际的建筑物损毁评估应用中，应该先对目标建筑物数据进行去定向处理，然后再进行 Yamaguchi 分解，以利用二次散射分量占比进行损毁评估。

通过对建筑物损毁前后 Ku 波段 50°入射角不同方位模拟 SAR 图像进行 Touzi 分解，分别得到α_{S1}、α_{S2}、α_{S3}、$\phi_{\alpha S1}$、$\phi_{\alpha S2}$、$\phi_{\alpha S3}$、$|\tau_1|$、$|\tau_2|$、$|\tau_3|$ 9 个分量的结果。同样，为了较好地对 9 个分量结果进行分析，我们在各方位向上取了平均值。总的来说，在入射角为 50°时，虽然同一建筑物在 Ku 波段损毁前后的 9 个分量整体分布规律性并不强，但是其中的α_{S1}分量表现出了显著的规律性，能够有效地用于建筑物损毁评估应用中。图 7.11 展示了α_{S1}分量的分布情况。

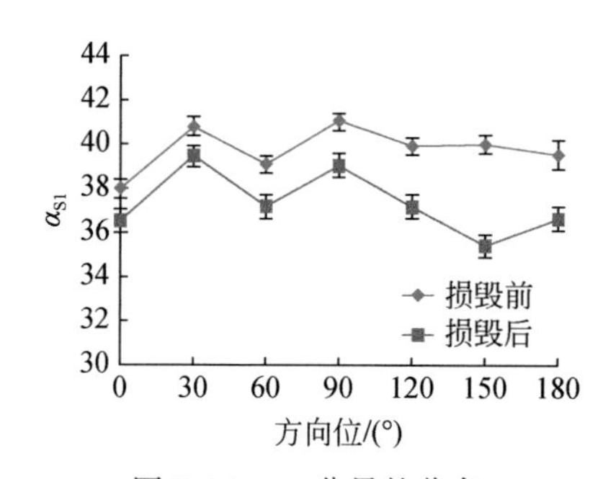

图 7.11　α_{S1}分量的分布

建筑物在损毁前后的α_{S1}平均值在各方位向上都明显表现出损毁前大于损毁后的特点，这与 Liu 等（2020）在 L 波段取得的研究结果相一致。这是由于α_{S1}反映了区域雷达信号与建筑物结构交互时的主要散射类型，而二次散射作为交互时最主要的散射机制在建筑物损毁后有着显著的降低。所以，反映在α_{S1}的平均值上时，就是各方位向上建筑物损毁前后α_{S1}平均值的显著降低。

图 7.12 展示了$|\tau|$在各方位向上的分布情况。虽然建筑物损毁前后的$|\tau|$的分布在整体上没有明显的规律性，但是仔细对比$|\tau_1|$、$|\tau_2|$与$|\tau_3|$在各方位向上平均值的大小，可以发现$|\tau_2|$的值显著小于$|\tau_1|$、$|\tau_3|$。特别是$|\tau_2|$虽然在各方位向上有一定的波动，但平均值都趋于 0。同样将其与 L 波段已有的研究结果进行对比，发现二者趋于一致。这是由于实验所用为纯建筑物模型，而在纯建筑物区域中，$|\tau_2|$的值会较小并趋于 0。因此，$|\tau_2|$虽然无法较好地指示建筑物损毁评估，但是有利于纯建筑物区域的识别。

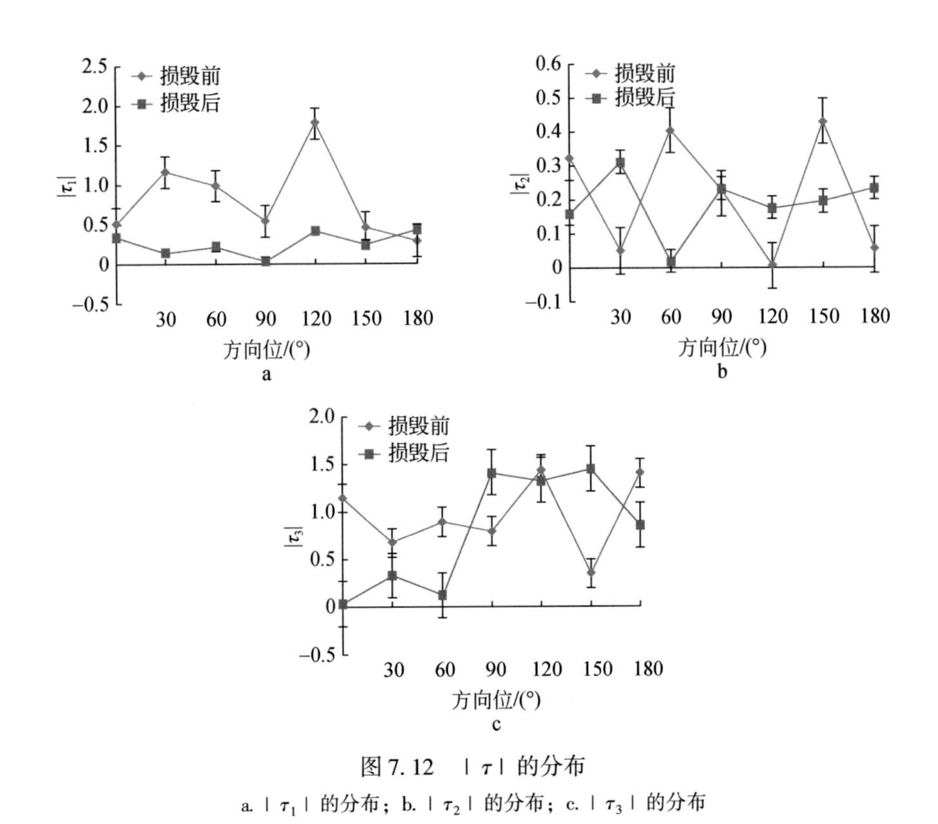

图 7.12 $|\tau|$ 的分布

a. $|\tau_1|$ 的分布；b. $|\tau_2|$ 的分布；c. $|\tau_3|$ 的分布

总而言之，对于 Yamaguchi 分解而言，去定向后的体散射分量分布和二次散射分量占比分布相比去定向前在各方位向上都呈现出损毁前后差异明显的规律，特别是去定向后的二次散射分量占比在各方位向上损毁后都显著低于损毁前。这意味着，利用 Yamaguchi 分解进行建筑物损毁评估时，应该先进行去定向处理，然后再利用体散射分量与二次散射分量占比来进行评估。对于 Touzi 分解而言，Ku 波段的极化参数分布与 L 波段的极化参数分布有着一致的规律性。其中，α_{S1} 平均值较好地反映了建筑物损毁前后的状况，α_{S1} 在 Ku 波段与 L 波段都可以较好地被用来进行建筑物损毁评估。

7.3 极化 SAR 数据建筑物损毁评估与制图

7.3.1 单时相极化 SAR 建筑物损毁解译与评估

针对完好建筑物和损毁建筑物目标的散射特征，以 2011 年 3 月 11 日发生在日本东北部海域的地震为例，利用灾后的 ALOS PALSAR 全极化数据开展了实验分析，探讨如何通过对极化参量的组合优化建筑物目标的视觉显示效果，来识别不同损毁程度的建筑物区域。

图7.13a是2011年4月8日的ALOS PALSAR数据图像。图7.13b为震后高分辨率GeoEye-1光学图像，结合灾前高分辨率GeoEye-1图像选取了四个不同损毁程度的损毁区域。区域1（R1）的损毁程度为80%~100%；区域2（R2）的损毁程度为50%~80%；区域3（R3）的损毁程度为20%~50%；区域4（R4）的损毁程度为0~20%。该结果与日本ZENRIN公司地面调查结果相一致。这4个不同损毁程度建筑物区域的位置如图7.13b所示，4个不同损毁程度建筑物区域的细节图如图7.13c所示。

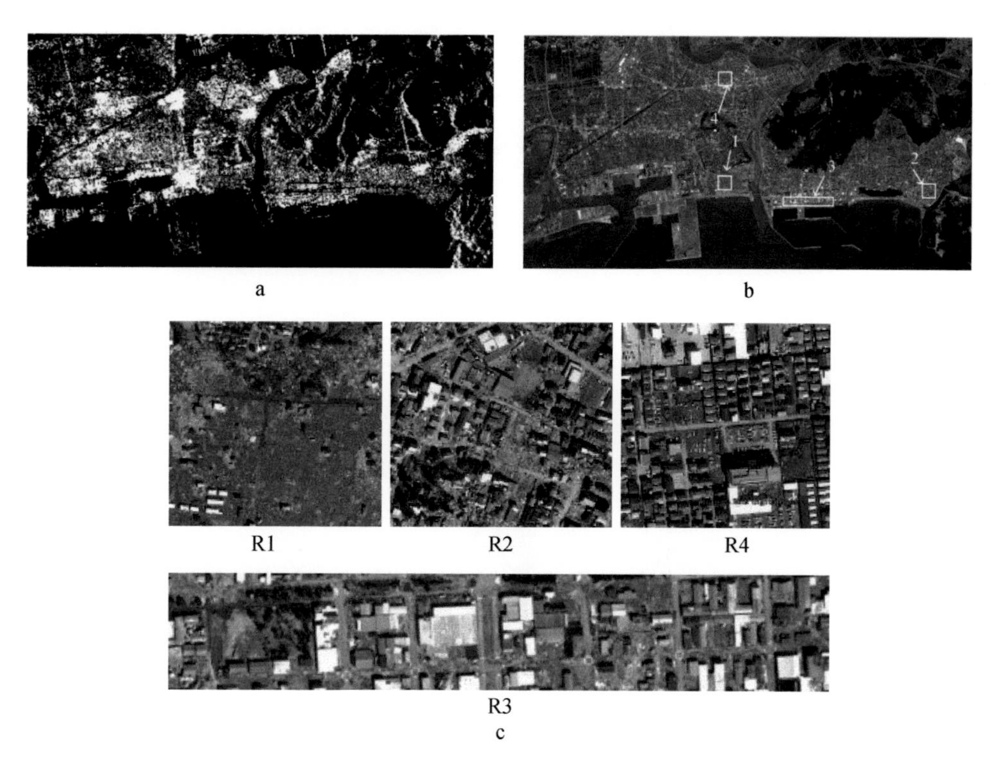

图7.13 ALOS PALSAR图像及GeoEye-1图像

a. ALOS PALSAR数据图像；b. 震后高分辨率GeoEye-1光学图像；c. 4个不同损毁程度建筑物区域的细节图

通过分析，我们选取了Yamaguchi分解的二次散射、体散射、表面散射，去定向后Yamaguchi分解的二次散射、体散射、表面散射以及Touzi分解的α_{S1}、$\phi_{\alpha S1}$、$|\tau_2|$等对建筑物较为敏感的极化参数，分别以任意3个极化参量作为轴，绘制4个不同程度损毁区域的三维散点图，分析不同程度损毁区域的分散程度，图7.14给出了4个不同损毁程度区域三维散点图效果较好的3种组合。可以看出，Yamaguchi分解的二次散射分量、体散射分量和表面散射分量组合可以基本区分出不同的损毁程度的区域，但是R1与R3重叠度较大，也就是说对损毁程度80%~100%和20%~50%的分辨能力较差，错分率较高，如图7.14a所示。去定向后Yamaguchi分解的二次散射分量、体散射分量、表面散射分量的参数组合中，可以区分出损毁程度超过50%（R1，R2）与损毁程度小于50%（R3，R4）的建筑物区域，但是R1和R2基本全部重叠，也就是说损毁程度为50%~100%的建筑物无法区分，如图7.14b所示。而Touzi分解的α_{S1}、$|\tau_2|$，去定向的Yamaguchi分解的二次散射分量、Touzi分解Alphas1分量和|Tau2|分量的参数组合的效果最好，基本

可以将 R1、R2、R3 以及 R4 区分开来，只在建筑物损毁程度小于 20% 时产生错分的情况，如图 7.14c所示。因此，可以利用这三种极化参量的组合进行视觉效果优化和损毁评估。

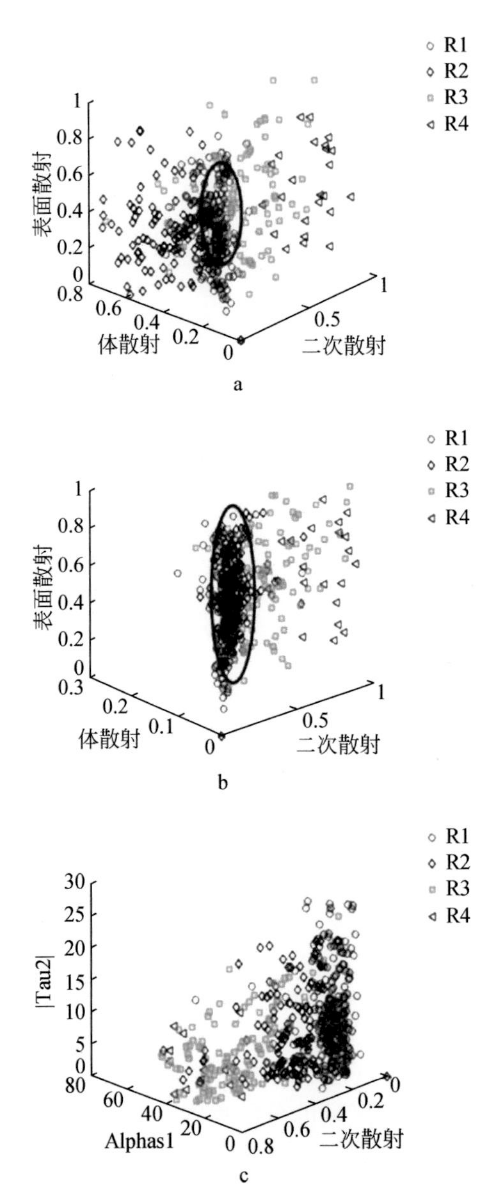

图 7.14 4 个不同损毁程度区域三维散点图效果较好的 3 种组合

a. Yamaguchi 分解二次散射分量、体散射分量和表面散射分量组合；
b. 去定向后 Yamaguchi 分解二次散射分量、体散射分量和表面散射分量组合；
c. 去定向的 Yamaguchi 分解二次散射分量、Touzi 分解 Alphas1 分量和 | Tau2 | 分量组合

因此，利用去定向后的 Yamaguchi 分解得到的二次散射分量与 Touzi 分解得到的α_{S1}和 $|\tau_2|$ 进行伪彩色（RGB）合成，红波段为 Touzi 分解的α_{S1}分量，值越低表示损毁越严

重。绿波段为去定向后的 Yamaguchi 分解的二次散射分量，值越低表示损毁越严重。蓝波段为 Touzi 分解的 $|\tau_2|$ 分量，值越高且异质性越高表示损毁越严重。图 7.15 为利用以上方案得到的 RGB 合成图，可以看到图像的视觉效果大大得以优化，建筑物区域与其他地物的对比得到增强，并且能够区分不同损毁程度的建筑物区域。

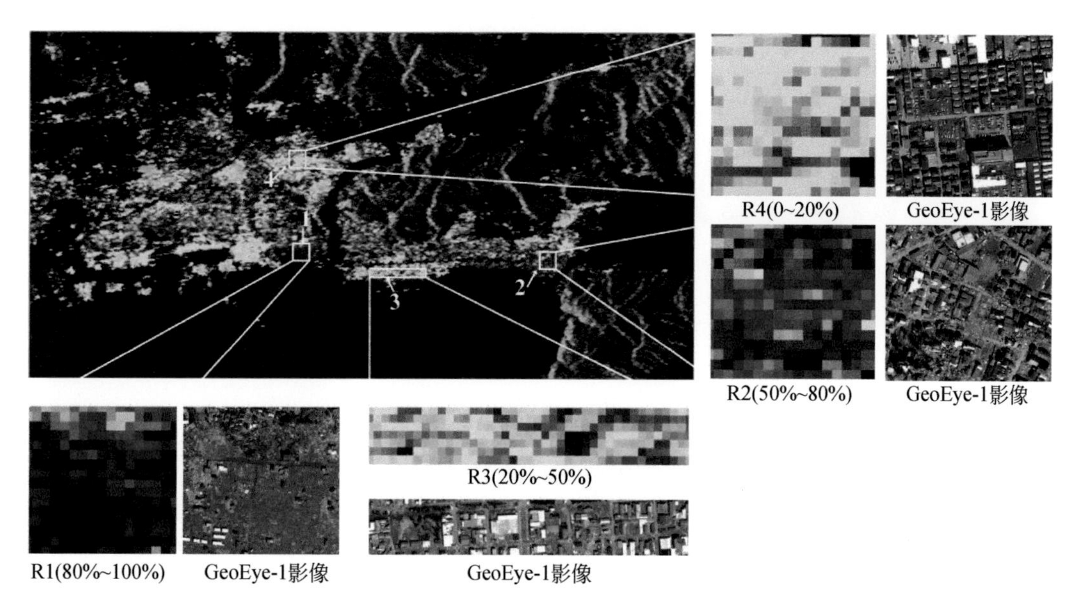

图 7.15　Yamaguchi 分解与 Touzi 分解优化 RGB 合成图

R. Touzi 分解的 α_{S1} 分量；G. 去定向后的 Yamaguchi 分解二次散射分量；B. Touzi 分解的 $|\tau_2|$ 分量

图 7.15 中，建筑物区域主要呈现为黄色，植被呈现为红色，水体呈现为蓝色。损毁最为严重的 R1 因为建筑物基本全部倒塌，只剩下裸露的平地，所以呈现为蓝色。R2 损毁较为严重，部分位置呈现为蓝色，但还有完好的建筑物呈现黄色。R3 轻微损毁，损毁区域呈现绿色。而 R4 基本没有损毁，建筑物完整，整个区域都呈现黄色。可见，将去定向后的 Yamaguchi 分解二次散射分量、Touzi 分解散射角 α_{S1} 和散射对称度 $|\tau_2|$ 相结合，可以实现极化 SAR 图像的视觉优化，进而可以利用单一时相极化 SAR 图像快速识别出不同损毁程度的建筑物区域。

7.3.2　多时相极化 SAR 数据的建筑物损毁评估制图

利用日本东北部沿岸 3 月 11 日大地震（简称日本“3・11”大地震）前后的 3 景 ALOS PALSAR 全极化图像，建立基于 α_{S1} 的损毁指标来表征建筑物损毁程度，实现建筑物损毁的快速评估。试验所用 3 景 ALOS PALSAR 全极化图像分别获取于 2009 年 4 月 2 日、2010 年 11 月 21 日和 2011 年 4 月 8 日（图 7.16），其中前 2 景为地震发生前，后一景为地震发生后，均为全极化模式，方位向分辨率为 4.45m，距离向分辨率为 23.14m。

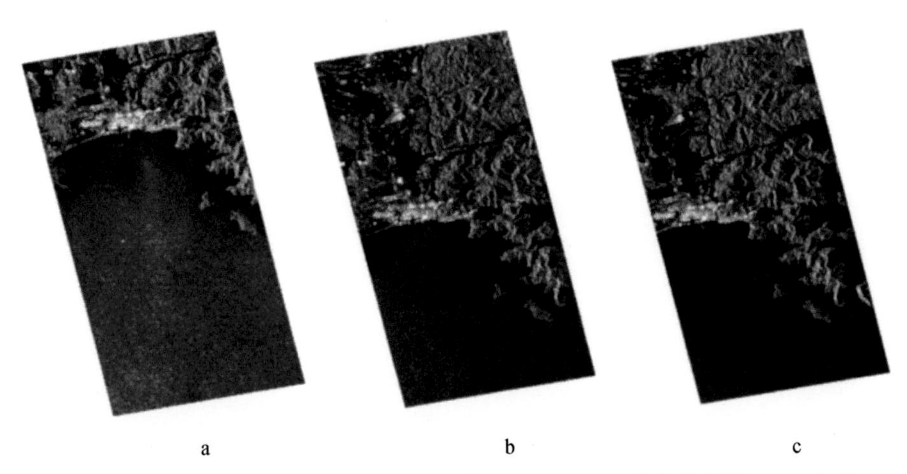

图 7.16　日本“3・11”大地震前后的 3 景 ALOS PALSAR 全极化图像（HH 极化）

a. 2009 年 4 月 2 日；b. 2010 年 11 月 21 日；c. 2011 年 4 月 8 日

为了获取建筑物损毁的地面信息，使用了两景地震前后的 GeoEye-1 数据，如图 7.17 所示。共选取 9 个典型的损毁样区（用白色圆圈表示），这 9 个样区分为 4 个级别的损毁程度，样区 1 的损毁程度为 80%～100%，样区 2 和样区 3 的损毁程度为 50%～80%，样区 4、样区 5 和样区 6 的损毁程度为 20%～50%，样区 7、样区 8 和样区 9 的损毁程度为 0～20%。在这 9 个区域内，分别用红色方框标记出了准确计算出定量损毁程度的 8 个小样方 A—H，利用高分辨率光学数据精细计算了 8 个小样方的损毁程度。计算得到 8 个小样方 A—H 的损毁程度分别为 95%、90%、80%、75%、60%、25%、20% 和 5%。此外，为了对模型进行验证和分析，黄色圆圈标记出了未发生倒塌的建筑物样方，蓝色方框是用于模型验证的样方 a—d，损毁程度分别为 80%、60%、55% 和 35%。

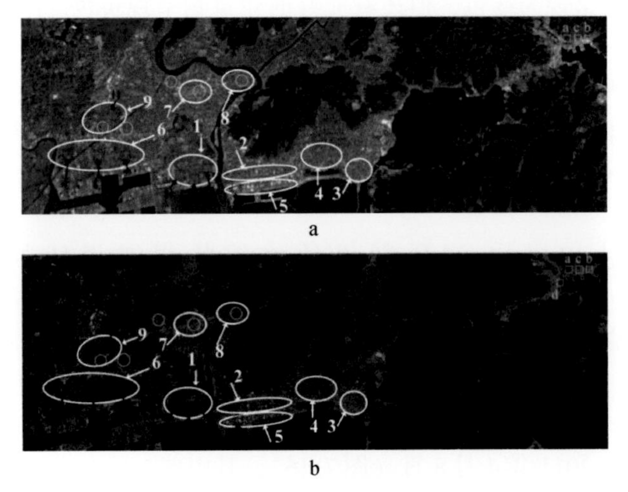

图 7.17　日本“3・11”大地震地震前和地震后的 GeoEye-1 光学图像

a. 2010 年 6 月 5 日 GeoEye-1 图像；b. 2011 年 3 月 19 日 GeoEye-1 图像

根据前面的实验和分析，定义损毁指标为灾害发生后α_{S1}与灾害发生前α_{S1}值的比值$\mathrm{Ratio}_{\alpha_{S1}(D_n/D_{m,i})}$，用来描述建筑物的损毁程度

$$\mathrm{Ratio}_{\alpha_{S1}(D_n/D_{m,i})}=\frac{(\alpha_{S1})_{D_{(n,i)}}}{(\alpha_{S1})_{D_{(m,i)}}} \tag{7.12}$$

其中，i 表示某个建筑物区域，n 和 m 分别表示灾后和灾前极化 SAR 数据的获取日期。

接下来，利用根据式（7.12）计算得到的图 7.17 中 8 个小样方的损毁指标与利用高分辨率 GeoEye-1 光学数据精细计算得到的损毁程度进行相关性分析，得出两者存在逆相关，并建立定量关系模型来表达建筑物损毁程度与损毁指标间的关系：

$$\mathrm{DD}=k\cdot \mathrm{Radio}_{\alpha_{S1}}+b \quad 0\leqslant \mathrm{Radio}_{\alpha_{S1}}\leqslant 1.5 \tag{7.13}$$

这里，DD 表示建物损毁程度，k 和 b 表示两个有待决定的参数，其中 k 小于 0，计算得出 $k=-1.9$，$b=1.9$。

最后，利用 5 个未发生倒塌的区域（图 7.17a 黄色圆圈）评价式（7.13）的稳定性。分析得出当损毁程度小于 20% 时，该模型可能会误把未发生损毁的建筑物判断为损毁，因此，在利用上述模型进行损毁制图时，只考虑在 20%～100% 的损毁程度。最后，利用式（7.13）计算得到的日本 3.11 大地震损毁程度图，如图 7.18 所示，这里，我们未对损毁程度低于 20% 的区域进行制图。与图 7.17 所示 9 个不同损毁程度的样区进行对比，可以看出利用本章方法得到的损毁程度与这 9 个样区的实际损毁程度一致，样区 1 在损毁程度图上呈红色，对应实际损毁程度为 80%～100%，样区 2 和样区 3 在损毁程度图上呈黄色，对应实际损毁程度为 50%～80%，样区 4、样区 5 和样区 6 在损毁程度图上呈青色，对应实际损毁程度为 20%～50%，样区 7、样区 8 和样区 9 损毁程度为 0～20%，未在损毁程度图上显示，计算得到的损毁图中这九个区域的损毁程度都在相应的范围以内。最后，选取距离建模样方较远的 Onagawa-cho 区域内的 4 个样方（图 7.17 蓝色方框，损毁程度分别为 80%、60%、55% 和 35%），对损毁程度制图结果进行验证，得到建筑物损毁程度制图均方根误差（RMSE）为 0.08，证明该模型具有较高的精度。

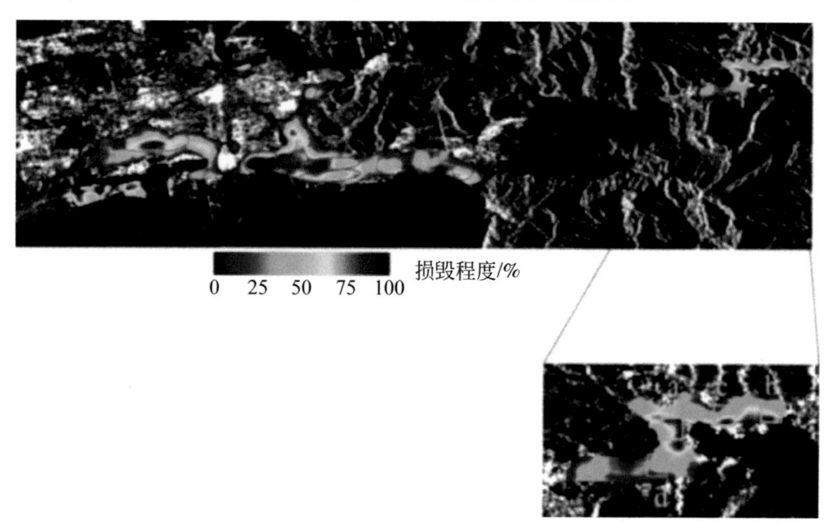

图 7.18　日本“3·11”大地震损毁程度图及验证样方位置

Chen 等（2016）也提出了一种基于极化 SAR 的城市损毁评估方法，该方法计算复杂度高，在建立关系模型时会花费大量时间。使用 Intel(R) Core(TM) i7-3770CPU，3. 40GHz，4. 00GB 内存，Windows 10 操作系统，MATLAB R2016b 编程平台的计算机配置进行实验，仅指标计算部分该方法就需要耗时 766s，计算复杂，耗时长。而在相同的计算机配置条件下，本章方法只需要 332s，因为本章方法的整个计算过程中只涉及α_{S1}这一种极化参量，计算过程简单并且容易实现，因此可以在灾害发生后实现建筑物损毁的快速评估，为灾害应急响应与救援提供信息支持。

参考文献

龚丽霞，张景发，曾琪明，等，2013. 城镇建筑震害 SAR 遥感探测与评估研究综述 . 地震工程与工程振动，33：195-201.

孙萍，2013. 极化 SAR 图像建筑物提取方法研究 . 北京：首都师范大学 .

王庆，2014. 基于极化 SAR 的建筑物震害信息提取研究 . 徐州：北京大学 .

温晓阳，张红，王超，2009. 地震损毁建筑物的高分辨率 SAR 图像模拟与分析 . 遥感学报，1：191-198.

闫丽丽，2013. 基于散射特征的极化 SAR 影像建筑物提取研究 . 北京：中国矿业大学 .

Ainsworth Schuler T L，Lee J S，et al.，2008. Polarimetric SAR characterization of man-made structures in urban areas using normalized circular-pol correlation coefficients. Remote Sensing of Environment，112：2876-2885.

Balz T，Liao M，2010. Building-damage detection using post-seismic high-resolution SAR satellite data. International Journal of Remote Sensing，31：3369-3391.

Bovolo F，Bruzzone L，Marchesi S，2009. Analysis and adaptive estimation of the registration noise distribution in multitemporal VHR images. IEEE Transactions on Geoscience & Remote Sensing，47：2658-2671.

Brunner D，Lemoine G，Bruzzone L，2010. Earthquake damage assessment of buildings using VHR optical and SAR imagery. IEEE Transactions on Geoscience & Remote Sensing，48：2403-2420.

Chen S W，Sato M，2013. Tsunami damage investigation of built-up areas using multitemporal spaceborne full polarimetric SAR images. IEEE Transactions on Geoscience & Remote Sensing，51：1985-1997.

Chen S W，Wang X S，Sato M，2016. Urban damage level mapping based on scattering mechanism investigation using fully polarimetric SAR data for the 3. 11 East Japan Earthquake. IEEE Transactions on Geoscience & Remote Sensing，54（12）：6919-6929.

Chini M，Pierdicca N，Emery W J，2008. Exploiting SAR and VHR optical images to quantify damage caused by the 2003 Bam Earthquake. IEEE Transactions on Geoscience & Remote Sensing，47：145-152.

Dell'Acqua F，Lisini G，Gamba P，2009. Experiences in optical and SAR imagery analysis for damage assessment in the Wuhan，May 2008 Earthquake. 2009 IEEE International Geoscience & Remote Sensing Symposium.

Ferro A，Brunner D，Bruzzone L，et al.，2011. On the relationship between double bounce and the orientation of buildings in VHR SAR images. IEEE Geoscience & Remote Sensing Letters，8：612-616.

Gamba P，Dell'Acqua F，Trianni G，2007. Rapid damage detection in the Bam Area using multitemporal SAR and exploiting ancillary data. IEEE Transactions on Geoscience & Remote Sensing，45：1582-1589.

Greatbatch I，2012. Polarimetric radar imaging：from basics to applications，by Jong-Sen Lee and Eric Pottier. International Journal of Remote Sensing，33：333-334.

Guida R，Iodice A，Riccio D，2010. Monitoring of collapsed built-up areas with high resolution SAR images. IEEE International Geoscience and Remote Sensing Symposium.

Guo H，Li X，Zhang L，2009. Study of detecting method with advanced airborne and spaceborne synthetic aperture radar data for collapsed urban buildings from the Wenchuan earthquake. Journal of Applied Remote Sensing，3：131-136.

Guo H D，Wang X Y，Li X W，et al.，2010. Yushu earthquake synergic analysis using multimodal SAR datasets. Chinese Science Bulletin，55（31）：3499-3503.

Hosokawa M，Jeong B P，2007. Earthquake damage detection using remote sensing data. IEEE International Geoscience and Remote Sensing Symposium.

Jin D，Wang X，Dou A，et al.，2011. Post earthquake building damage assessment in Yushu using airborne SAR imagery. Earthquake Science，24（5）：463-473.

Jin Y Q，Wang D，2009. Automatic detection of terrain surface changes after Wenchuan earthquake，May 2008，From ALOS SAR images using 2EM-MRF method. IEEE Geoscience & Remote Sensing Letters，6：344-348.

Lee J S，Grunes M R，Pottier E，2001. Quantitative comparison of classification capability：Fully polarimetric versus dual and single-polarization SAR. IEEE Transactions on Geoscience & Remote Sensing，39：2343-2351.

Li X，Guo H，Zhang L，et al.，2012. A new approach to collapsed building extraction using RADARSAT-2 polarimetric SAR imagery. IEEE Geoscience & Remote Sensing Letters，9：677-681.

Liu S，Zhang F，Wei S，et al.，2020. Building damage mapping based on Touzi decomposition using quad-polarimetric ALOS PALSAR data. Frontiers of Earth Science，2020：1-12.

Liu Y，Qu C，Shan X，et al.，2010. Application of SAR data to damage identification of the Wenchuan earthquake. Acta Geographica Sinica，32：214-223.

Matsuoka M，Yamazaki F，2005. building damage mapping of the 2003 bam，Iran，earthquake using envisat/ASAR intensity imagery. Earthquake Spectra，21：S285-S294.

Matsuoka M，Yamazaki F，2012. Use of satellite SAR intensity imagery for detecting building areas damaged due to earthquakes. Earthquake Spectra，20：975-994.

Park S E，Yamaguchi Y，Singh G，et al. 2012. Polarimetric SAR remote sensing of earthquake/tsunami disaster. IEEE International Geoscience and Remote Sensing Symposium. doi：10. 1109/IGARSS. 2012. 6351340.

Sato M，Chen S W，Satake M，2012. Polarimetric SAR analysis of tsunami damage following the March 11，2011 East Japan Earthquake. Proceedings of the IEEE，100：2861-2875.

Sportouche H，Tupin F，Denise L，2009. Building extraction and 3D reconstruction in urban areas from high-resolution optical and SAR imagery. 2009 Joint Urban Remote Sensing Event，1-11.

Watanabe M，Motohka T，Miyagi Y，et al.，2012. Analysis of urban areas affected by the 2011 off the Pacific Coast of Tohoku Earthquake and tsunami with L-Band SAR full-polarimetric mode. IEEE Geoscience & Remote Sensing Letters，9：472-476.

Wang T L，Jin Y Q，2011. Postearthquake building damage assessment using multi-mutual information from pre-event optical image and postevent SAR image. IEEE Geoscience and Remote Sensing Letters，9（3）：452-456.

Xia Z G，Henderson F M，1997. Understanding the relationships between radar response patterns and the bio- and geophysical parameters of urban areas. IEEE Transactions on Geoscience & Remote Sensing，35：93-101.

Yonezawa C，Takeuchi S，2002. Detection of urban damage using interferometric SAR decorrelation. IEEE International Geoscience and Remote Sensing Symposium.

Zhai W，Zhao F，2016. Urban building extraction based on polarization SAR. Gansu Science and Technology，32：46-48.

Zhang H，Wang Q，Zeng Q，et al.，2015. A novel approach to building collapse detection from post-seismic polarimetric SAR imagery by using optimization of polarimetric contrast enhancement. IEEE International Geoscience and Remote Sensing Symposium.

Zhang J, Xie L, Tao X, 2002. Change detection of remote sensing image for earthquake damaged buildings and its application in seismic disaster assessment. Journal of Natural Disasters, 11: 59-64.